Fenster-
bilder-
Hitparade

Die schönsten Fensterbilder und Band-ornamente durch das Jahr

von Armin Täubner

frechverlag

Inhaltsverzeichnis

Wie der Junge mit der Katze auf dem Titel gefertigt wird, erfahren Sie auf Seite 8. Die Anleitung für die Marienkäfer, Seite 1, steht auf Seite 7.

TIP Falls Sie ein Fensterbild in einer anderen Größe arbeiten möchten, als abgebildet, können Sie die Vorlage auf einem Fotokopierer entsprechend vergrößern bzw. verkleinern. Da sich größere Motive leichter ausschneiden lassen als kleinere, empfiehlt sich dieses Vorgehen gerade beim Basteln mit jüngeren Kindern. Bei Regenbogenpapieren sollten Sie jedoch daran denken, daß sich dann auch der Farbverlauf ändert.

Fotos: frechverlag GmbH + Co. Druck KG, 70499 Stuttgart;
Fotostudio Täubner / Birgitt Gutermuth

Auflage: 5. 4. 3. 2. | Letzte Zahlen
Jahr: 2002 2001 2000 1999 98 | maßgebend

frechverlag GmbH + Co. Druck KG, 70499 Stuttgart

ISBN 3-7724-2361-2 · Best.-Nr. 2361

Druck: frechverlag GmbH + Co. Druck KG, 70499 Stuttgart

Mit mehr als 200 Titeln hat Armin Täubner zu dem Fensterbilder-Boom der vergangenen Jahre in außergewöhnlichem Maße beigetragen.

In der „Fensterbilder Hitparade" präsentieren wir Ihnen eine Auswahl seiner erfolgreichsten Motive: von den Schneeglöckchen im Januar bis zu den Glücksschweinchen an Silvester.

Werfen Sie einen Blick in die „Fensterbilder-Hitparade". Na, welches ist Ihr Favorit? Mit Tonkarton, Schere und Klebstoff können Sie sich Ihre Lieblingshits ganz einfach ins Haus holen. Viel Spaß und viel Erfolg!

Übrigens: Alle Vorlagen wurden am Ende dieses Buches abgedruckt, damit Sie sie abpausen können, ohne unschöne Muster auf den Fotos zu hinterlassen. So können Sie sich lange an den bunten Abbildungen erfreuen!

Material & Werkzeug

Um die in diesem Buch vorgestellten Modelle nachzubasteln, sollten Sie folgende Dinge zur Hand haben:

- **Tonkarton, Fotokarton und Tonpapier in verschiedenen Farben**
- **Regenbogen-Tonkarton**
- **Seiden- oder Transparentpapier zum Hinterkleben der Motive Seite 15, 20 und 51**
- **Transparent-/Architektenpapier und dünnen Karton für Schablonen**
- **Evtl. gelbes Schneiderkopierpapier**
- **Klebepunkte aus dem Handel (ø 8 und 12 mm)**
- **Bastelschere für Kinder**
- **Große Papierschere und kleine spitze Schere**
- **Cutter/Bastelmesser mit Schneideunterlage**
- **Bleistift**
- **Weißer Farbstift**
- **Kugelschreiber**
- **Farben zum Bemalen (Filzstifte, Tuschefüller, Pluster-Pen, Lackfarbe u. ä.)**
- **Klebstoff, z. B. UHU Alleskleber und UHU stic**
- **Pinzette**
- **Evtl. Kreisschablone**
- **Klammerhefter**
- **Radiergummi**
- **Lineal**
- **Zirkel**
- **Lochzange**
- **Nähgarn in passender Farbe für die Mobiles**

Material & Werkzeug

Fensterbilder werden überwiegend aus Tonkarton gearbeitet, der formstabiler und weniger lichtdurchlässig ist als Tonpapier.
Tonpapier eignet sich für Faltbänder, sog. Bandornamente, und kleinformatige, einfarbige Fensterbilder. Bei mehrfarbigen Fensterbildern werden aus Tonpapier nur kleine, nicht tragende Teile gearbeitet, z. B. Blüten, Schmetterlinge etc.
Je größer die Fensterbilder sind, desto wichtiger ist die Verwendung von Tonkarton, wobei unter Umständen sogar zwei Kartonteile aufeinandergeklebt werden müssen, um die benötigte Stabilität zu erreichen.
Für Mobiles empfiehlt es sich, Fotokarton mit einem Gewicht von 300 g/m^2 zu verwenden.

Eine große Papierschere benötigen Sie für lange und großzügige Schnitte sowie für das grobe Ausschneiden der Motive. Mit einer kleinen, spitzen Nagel- oder Silhouettenschere werden die feinen Schneidearbeiten ausgeführt.

Mit dem Cutter/Bastelmesser können Sie exakte Schnitte an Stellen vornehmen, die für die Schere unzugänglich sind. Die Handhabung ist sehr einfach: Das Messer wird wie ein Kugelschreiber gehalten und zügig über Papier und Karton geführt. Nach kurzer Übung sind damit auch lange Schnitte kein Problem.
Für lange, gerade Schnitte empfiehlt es sich, ein Stahllineal zu verwenden, da bei Plastiklinealen die anfangs glatten Kanten durch die scharfen Klingen bald verschrammt sind.
Als Schneideunterlage dient eine spezielle, im Fachhandel erhältliche Schneidematte. Sie können aber auch ein Holzbrett oder ein Stück dicke Pappe nehmen. Diese dürfen keine zu starken Vertiefungen aufweisen, da bereits vorhandene Schnitte in der Unterlage die Klinge beim Arbeiten ablenken können.
Die Klingen sollten rechtzeitig gewechselt bzw. das stumpfe Klingenteil abgebrochen werden, denn mit einer stumpfen Klinge ist kein sauberer Schnitt mehr möglich.

TIP *Nach oben gewölbte Kartonränder entstehen vor allem, wenn Kartonformen mit dem Cutter ausgeschnitten werden. Mit dem Rücken des Zeigefingernagels, der an den Kanten entlanggezogen wird, lassen sich die gewölbten Schnittränder leicht glätten.*

Für saubere Klebearbeiten und zum Handhaben kleinster Kartonteile ist eine Pinzette hilfreich.

Sollen zwei identische Teile aus Papier oder Karton ausgeschnitten werden, einfach zwei Lagen aufeinanderlegen, grob das Motiv ausschneiden und außerhalb des Umrisses beide Lagen mit dem Bürotacker zusammenheften. Beide Teile können nun nicht mehr verrutschen und lassen sich sauber mit Schere oder Messer ausschneiden.

Ein Radiergummi hilft, Bleistiftkonturen zu entfernen und Klebstoffspuren auszuradieren. Solange der Klebstoff noch feucht ist, werden größere Kleckse abgetupft und anschließend wegradiert. Für kleine Korrekturen gibt es Radierstifte, die wie Bleistifte aussehen und angespitzt werden können.

TIP *Getrocknete Klebstoffflecken lassen sich mit dem Messer abkratzen, oder man klebt einfach einen kleinen Schmetterling, eine Blüte o. ä. darüber.*

Bandornamente - Schritt für Schritt

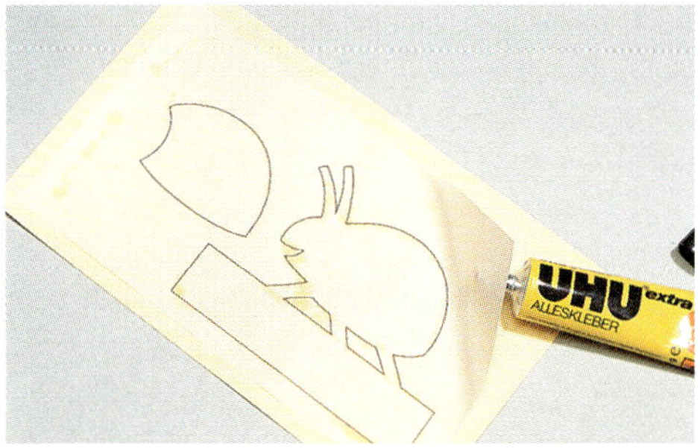

So wird's gemacht:

1. Alle Vorlagen finden Sie am Ende dieses Buches. Übertragen Sie sämtliche Teile des ausgewählten Motivs ohne Überschneidungen mit Bleistift auf Transparentpapier. Kleben Sie dieses auf einen dünnen Karton.

2. Schneiden Sie die Teile exakt aus. Das sind Ihre Schablonen. Meist benötigen Sie nur eine Schablone für das Faltband. In einigen Fällen brauchen Sie jedoch noch eine oder mehrere Schablonen für später aufzuklebende Teile.

3. Legen Sie die Schablone für das Faltband bündig an die rechte Außenkante eines Tonpapierstreifens in der gewünschten Farbe und Höhe. Nun ziehen Sie die Kontur mit Bleistift bzw. einem weißen Farbstift nach. Bei den Zierteilen legen Sie die Schablone(n) so auf den Tonpapierstreifen, daß rings um die Schablone noch etwas Platz ist, bevor der Umriß nachgezogen wird.

4. Beginnen Sie mit dem Falten des Bandornamentes. Der Papierstreifen wird ziehharmonikaartig aufgefaltet. Richten Sie sich beim Falten zuerst an der Unterseite aus, d. h., nach allen Faltungen sollten die Unterkanten noch genau übereinanderliegen. Die Papierstreifen mit den Zierteilen werden ebenfalls ziehharmonikaartig gefaltet. Hier kommt es jedoch nicht auf exaktes Falten an.

5. Damit beim Ausschneiden nichts verrutscht, klammern Sie den gefalteten Papierstreifen außerhalb des Motivs mehrfach zusammen. Je häufiger der Papierstreifen gefaltet wird, desto schwieriger ist das Ausschneiden. Beginnen Sie also am besten mit wenigen Faltungen. Zum Ausschneiden wird überwiegend der Cutter verwendet. Achten Sie auf eine geeignete Schneideunterlage.

6. Abschließend entfalten Sie das Bandornament und bekleben es ggf. mit den bunten Zierteilen. Manche Motive werden zusätzlich mit Klebepunkten verziert, die in verschiedenen Farben und Größen im Fachhandel erhältlich sind. Hier werden die Größen 8 mm und 12 mm verwendet.

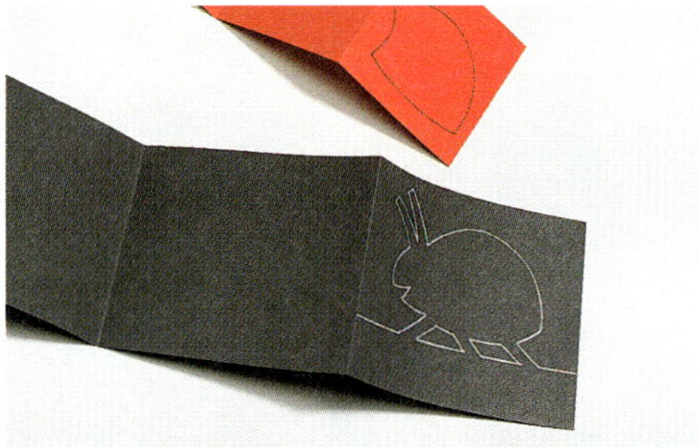

Fensterbilder - Schritt für Schritt

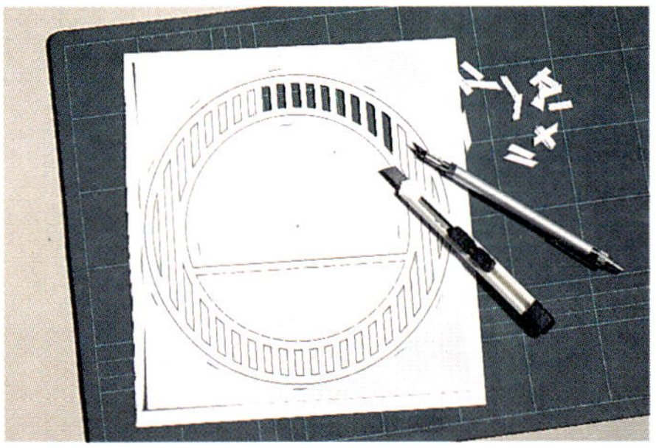

So wird's gemacht:

1. Alle Vorlagen befinden sich am Ende dieses Buches. Falls Ihr ausgewähltes Motiv einen Rahmen hat, übertragen Sie diesen zunächst mit Zirkel, Lineal und Bleistift auf Transparentpapier oder kopieren ihn auf weißes Papier.
Die Vorlage wird mit dem Klammerhefter mehrfach auf dem Tonkarton der gewünschten Farbe fixiert. Achten Sie hier besonders darauf, daß sich die Klammern nur in den Flächen befinden, die später heraus- bzw. weggeschnitten werden.

2. Mit dem Cutter ziehen Sie nun die Linien so stark nach, daß Sie gleichzeitig durch die Zeichnung und den Karton schneiden. Achten Sie dabei auf eine geeignete Schneideunterlage.
Schneiden Sie stets zuerst die kleinen Flächen aus, dann die größeren Mittelteile. Die äußere Kontur wird erst ganz zum Schluß mit Cutter oder Schere nachgearbeitet.

3. Pausen Sie die anderen Teile des Motivs mit dem Bleistift auf Transparentpapier ohne Überschneidungen nebeneinander ab.

4. Anschließend kleben Sie das Transparentpapier auf dünnen Karton. Die Teile werden nun mit Schere und/oder Cutter exakt ausgeschnitten.

5. Nachdem Sie diese Schablonen auf Tonkarton in der gewünschten Farbe gelegt haben, zeichnen Sie die Konturen mit Bleistift nach und schneiden die Teile in der benötigten Anzahl aus.

6. Dann kleben Sie die Teile zusammen – das Foto und die Vorlage geben jeweils Positionierungshilfen.
Mit Tuschefüller, Filzstift, Pluster-Pen, Lack- oder Reliefmalfarbe können Sie zusätzliche Verzierungen anbringen.

TIP *Wenn Sie die Rahmen vereinfachen wollen, schneiden Sie hier z. B. die Innenflächen des Rahmens einfach nicht aus.*

Primel mit Marienkäfern

Motiv ca. 20 cm Durchmesser

Vorlagen: Seite 61 und 62

Für den Rahmen sollten Sie zuerst die kleinen Innenflächen herausschneiden und dann die große, halbkreisförmige Innenfläche. Anschließend folgt die äußere Kontur.
Kleben Sie das braune, halbkreisförmige Bodenteil (gestrichelte Linie) auf den weißen Rahmen. Nun werden die Blütenstiele (gestrichelte Linie) am Blatteil der Primel (durchgezogene Linie) befestigt, bevor Sie die gelben Blüten anbringen.
Mit Tuschefüller die fünf gelben Blütenblätter abgrenzen und einen kleinen Kreis in die Blütenmitte malen. Zusätzlich werden mit einem orangeroten Filzstift fünf Farbpunkte aufgetupft.
Die Marienkäfer bestehen jeweils aus einer ovalen, roten Kartonscheibe, die mit einem schwarzen Filzstift oder einem Tuschefüller bemalt wird.

Marienkäfer auf Achse

(Abbildung Seite 1)

Motiv ca. 8 cm hoch

Vorlagen: Seite 61

Mit Tonpapier und Schere sind die Krabbeltiere schnell gefertigt. Wie die Bänder hergestellt werden, erfahren Sie auf Seite 5.

Schneeglöckchen

Motiv ca. 20 cm hoch

Vorlagen: Seite 63

Kaum scheint im Januar die Sonne, schon sprießen die ersten Schneeglöckchen und läuten das Frühjahr ein.
Pflanzengrün und Rahmen (durchgezogene Linien) als ein Teil aus dunkelgrünem Karton herausarbeiten. Die Blattadern durch Schnitte andeuten.
Wenn das Motiv von zwei Seiten zu sehen ist, empfiehlt es sich, die Blüten und die Schneefläche (gestrichelte Linien) doppelt auszuschneiden und auf Vorder- und Rückseite deckungsgleich zu fixieren. Beim Ausschneiden der Schneefläche sollten Sie auf die Einbuchtungen für das Blattgrün achten.

Darf ich dich streicheln?

(Abbildung Titel)

Motiv ca. 20 cm hoch

Vorlagen: Seite 106

Etwas ängstlich streichelt der kleine Junge das Kätzchen, das wohlig schnurrt. Schneiden Sie den Jungen und die Miezekatze aus einem Bogen Regenbogen-Tonkarton aus. Je nachdem, wie Sie das Motiv auf dem Farbverlauf plazieren, variiert die Wirkung.

Brrr, ganz schön kalt

Ente ca. 21 cm hoch

Vorlagen: Seite 64

Nachdem der Schnabel und das Auge angebracht sind, setzen Sie der kleinen Ente die blaue Mütze mit dem weißen Rand und dem weißen Pompon auf. Dann binden Sie ihr den Schal um, damit sie nicht friert. Schließlich werden Flügel und Beine angeklebt.
Das Küken mitten auf der Schneefläche fixieren und zu beiden Seiten jeweils ein Schneeglöckchen anbringen.
Hoffentlich kommt bald jemand, sonst kriegt das arme Ding noch kalte Füße.

Pirat „Kasimir Stubentiger“

Kater ca. 26 cm hoch

Vorlagen: Seite 65 und 68

In der fünften Jahreszeit geht es heiß her. Kater Kasimir stürzt sich mit Säbel und Messer ins Getümmel.
Zuerst fixieren Sie die Augenbinde auf dem Katzenkopf, dann setzen Sie Kasimir den schwarzen Dreispitz mit dem Piratenzeichen auf. Malen Sie das Gesicht auf.
Am weißen Rumpf wird zuerst der Fußring, dann die Hose samt Messer und Gürtel befestigt. Ziehen Sie nun dem Piraten die blaue Jacke an, und binden Sie ihm das dreiteilige Halstuch um.
Der linke Arm (punktierte Linie) wird im Schulterbereich von hinten an die Jacke geklebt; ein goldener Armreif verziert das Handgelenk, das auf der Jacke liegt. Nun wird am rechten Arm die separat ausgeschnittene Hand angebracht. Darauf kleben Sie den Griff des zweiteiligen Säbels.
Zum Schluß wird der fertige Piratenkopf auf das Halstuch geklebt und der Kater mit Pluster-Pen verziert. Welches Katzenherz Kasimir wohl erobern will?

Indianerhäuptling „Schwarzer Frack"

Pinguin ca. 22 cm hoch

Vorlagen: Seite 66

Hier sehen Sie einen Pinguin als Häuptling in den Fasching ziehn! Kleben Sie auf den weißen Rumpf (Strich-Punkt-Linie) das schwarze Kopf-Rücken-Teil mit dem ovalen Wangenausschnitt (gestrichelte Linie). Nun wird der Schnabel angeklebt und das Gesicht aufgemalt.
Anschließend bringen Sie die Füße und die Flügel an, wobei Sie den linken Flügel vorerst nur im oberen Bereich fixieren sollten.
Jetzt kann der tapfere Krieger bewaffnet werden: Speer und Kriegsbeil bestehen jeweils aus zwei Teilen. Am rechten Flügel wird die Flügelspitze (punktierte Linie) separat ausgeschnitten und zum Schluß von vorne aufgeklebt.
Der Kopfschmuck des Häuptlings besteht aus einem roten Band (punktierte Linie) und einem weißen Federteil (gestrichelte Linie). Kleben Sie das Band auf das Federteil; Federkiele, -ränder und -spitzen werden aufgemalt.
Nun kann der Häuptling seinen Federschmuck aufsetzen, bevor mit Pluster-Pen noch einige Farbakzente gesetzt werden.

Ich hab' etwas für dich!

Clown ca. 26 cm hoch

Vorlagen: Seite 67

Clown Beppo ist verlegen. Er hat etwas auf dem Herzen, weiß aber nicht, wie er's sagen soll.
Rumpf und Schuhe werden als ein Teil ausgeschnitten (durchgezogene Linie). Darauf kleben Sie die Hose und die beiden Hosenträger samt Knöpfen.
Befestigen Sie auf der Kopfform das Gesicht, und bringen Sie von hinten den Haarschopf an.
Der bemalte Kopf wird von vorne am Rumpf fixiert. Kinn und Hals werden von der riesigen Fliege verdeckt. Abschließend befestigen Sie noch den Blumenstrauß von hinten am Rumpf.

Schneckentempo?

Motiv ca. 17 cm hoch

Vorlagen: Seite 68

Von wegen Schneckentempo! Max hat's eilig. Drum sollten Sie die Fühler schnell an die zweiteilige Mütze kleben und diese der Schnecke aufsetzen. Als Auge dient ein weißer Klebepunkt (ø 8 mm). Die rote Mundöffnung kann aufgeklebt oder mit Filzstift aufgemalt werden. Dann wird das Gesicht bemalt.
Nun muß das mehrteilige Skateboard zusammengefügt werden. Zum Schluß setzen Sie die Schnecke auf das Skateboard. Und schon kann die rasante Fahrt beginnen: „Platz da, ich komme!"

Transparente Fensterbilder – Schritt für Schritt

So wird's gemacht:

1. Das Motiv wird mit Bleistift, evtl. zusätzlich noch mit Lineal und Zirkel, von der Vorlage am Ende dieses Buches auf Transparent-/Architektenpapier abgepaust.

Nun gibt es mehrere Möglichkeiten, die abgepausten Konturen auf den dunklen Karton zu übertragen:

Das abgepauste Motiv wird direkt mit Klebestreifen auf dem Karton fixiert. Wenn Sie die Umrisse jetzt mit Kugelschreiber nachziehen, drücken sie sich in den Karton ein.

Besser sichtbar ist das Motiv, wenn zwischen Transparentpapier und Karton gelbes Schneiderkopierpapier, mit der beschichteten Seite nach unten, gelegt wird. Die mit Kugelschreiber nachgezogenen Konturen erscheinen als gelbe Linien auf dem Karton. Herkömmliches Kohle- oder Blaupapier eignet sich nur sehr eingeschränkt, weil sich die übertragenen Linien kaum vom dunklen Karton abheben. Oder Sie fertigen eine Schablone an (Anleitung Seite 6) und übertragen die Konturen mit weißem Farbstift auf den Karton.

Beim Herausschneiden der Innenflächen wird vorwiegend mit dem Cutter gearbeitet. Dabei darf die Schneideunterlage nicht vergessen werden.

In der Regel werden zuerst die kleinsten Flächen herausgeschnitten, dann wird das restliche Motiv Feld für Feld von einer Seite zur anderen freigelegt. Die äußere Kontur erst ganz zum Schluß mit der Schere nachschneiden. Mit der Nagelschere können noch kleine Korrekturen bei den Innenschnitten vorgenommen werden.

Wenn Sie das ausgeschnittene Motiv zweimal benötigen, empfiehlt es sich, beide Motive auf einmal auszuschneiden. Dazu werden zwei gleich große Kartons mit dem Klammerhefter an den Rändern zusammengeheftet. Auf dem oberen Karton ist das Motiv sichtbar. Mit dem Cutter werden die Innenflächen aus beiden Kartons gleichzeitig herausgeschnitten. Diese Möglichkeit erspart einen Arbeitsgang, sie erfordert jedoch mehr Kraft, als wenn Sie das Motiv ein zweites Mal ausschneiden.

2. Ist das Motiv fertig ausgeschnitten, müssen hochstehende Schnittkanten und Rundungen noch geglättet werden. Dies geschieht, indem ein Bogen sauberes Papier aufgelegt wird. Daraufhin werden die Schnittlinien mit dem Fingernagel kräftig nachgezogen. Das dazwischengelegte Papier verhindert, daß die nachgezogenen Linien durch die direkte Reibung speckig glänzen. Nun werden Vorder- und Rückseite des Motivs genau betrachtet. Die schönere Seite wird später die Vorderseite.

Damit die herausgeschnittenen Flächen gut sichtbar sind, liegt das Fensterbild auf einer hellen Unterlage. Nun wird das Transparentpapier oder das farbintensivere Seidenpapier auf die erste Fläche gelegt. Beim Nachziehen der Umrisse ringsum noch einen Kleberand berücksichtigen. Als Klebstoff eignet sich neben herkömmlichem Papierkleber (mit einer möglichst feinen Tülle) auch der Klebestift. Bei größeren oder verzweigten Formen wird nur die obere Hälfte des umgebenden Kartonstegs mit Klebstoff bestrichen. Das exakt ausgeschnittene Transparentpapier auf der klebstofffreien unteren Hälfte paßgenau auflegen und dann oben festdrücken. Nun kann die untere Seite angehoben und ebenfalls Klebstoff aufgetragen werden.

3. Abschließend wird das zweite Kartonteil mit dem identischen Motiv paßgenau aufgeklebt.

Ein Veilchen-Herz

Motiv ca. 17,5 cm hoch

Vorlagen: Seite 70

Sehr zart wirken diese Veilchen aus Transparentpapier. Zuerst die Blüten und Blätter herausschneiden. Mit den Blättern beim Hinterkleben beginnen.

Veilchen-Zeit

Motiv ca. 17 cm hoch

Vorlagen: Seite 69

Der Frühling ist nicht mehr fern, wenn die ersten Veilchen blühen.
Dieses Motiv wird aus Regenbogen-Tonkarton gefertigt. Auf das Grün werden jeweils die zweiteiligen Blüten geklebt; nach Wunsch können Sie das Motiv auch auf einer Gießkanne arrangieren.

Für dich!

Hase ca. 20 cm hoch

Vorlagen: Seite 72

Lange hat der Mümmelmann nach dem größten Veilchen gesucht. Glücklich überreicht er es jetzt.
Das Auge des Hasen und die Blütenmitte werden mit dem Cutter oder, noch besser, mit einem Grafikermesser herausgeschnitten. Damit das Auge gleichmäßig rund wird, können Sie einen Stift in die ausgeschnittene Öffnung stecken und ihn mehrmals drehen.

Blütenbänder

Glockenblumen auf der Wiese
ca. 8,5 cm hoch

Glockenblumen im Topf
ca. 12 cm hoch

Vorlagen: Seite 71

Wie die Bandornamente aus Tonpapier hergestellt werden, erfahren Sie auf Seite 5. Ob mit Blumentopf oder mit einem „Wiesenband" (gestrichelte Linie) – der Frühling grüßt mit Blütenbändern!

Frühlingszeit – Osterzeit

Hasen ca. 9,5 cm hoch

Tulpen ca. 9 cm hoch

Küken ca. 5,5 cm hoch

Vorlagen: Seite 71 und 72

Wenn die Hasen Eier verstecken, die Tulpen blühen und die ersten Küken aus der Schale schlüpfen, dann ist Ostern nicht mehr weit. Auf Seite 5 sehen Sie, wie die frühlingshaften Bänder aus Tonpapier angefertigt werden.

Überraschungseier

Motiv ca. 20,5 cm hoch

Vorlagen: Seite 73

Was ist denn das? Verdutzt blickt Mutter Huhn auf ihr Nest. Wer hat ihr denn diese bunten Eier untergeschoben? Daraus wird doch nie ein Küken!

Wie solch ein transparentes Fensterbild entsteht, sehen Sie auf Seite 14. Nach dem Übertragen des abgepausten Motivs zuerst Stroh und Eier herausarbeiten. Das Motiv anschließend Fläche für Fläche von unten nach oben mit dem Cutter freilegen. Der Himmel wird erst ganz zum Schluß herausgeschnitten.
Beim Hinterkleben mit buntem Seiden- oder Transparentpapier ist keine bestimmte Reihenfolge zu beachten.

Meine neue Schleife

Ente ca. 15,5 cm hoch

Vorlagen: Seite 71

Ganz stolz ist die kleine Ente, denn sie hat eine große, neue Schleife.
Auf dem Entenkörper aus Regenbogen-Tonkarton wird zuerst das Auge fixiert, aus dem Sie mit der Lochzange eine kleine Öffnung herausgestanzt haben. Nun folgen der Schnabel, das Bein und die hübsche Schleife.
Und dann geht es trippel, trappel ans Fenster, damit alle die Schleife bewundern können.

Ist der Korb aber schwer

Hase ca. 23,5 cm hoch

Vorlagen: Seite 75

Fröhlich hat sich Peter auf den Weg gemacht, um die Ostereier zu verteilen. Puh, sind die aber schwer!
Am gelben Pullover (gestrichelte Linie) von vorne den Kopf, von hinten Kiepe (Rückenkorb) und Hose samt Füßen anbringen. Als nächstes werden mit einem schwarzen Filzstift Auge, Nasenloch und der Trageriemen der Kiepe aufgemalt. Den rechten Ärmel samt Pfote sowie die linke Pfote ankleben. Von hinten zwei Eier am Kiepenrand befestigen. Jetzt können Sie Peter auf die Grünfläche mit den blühenden Tulpen stellen.

Der Osterhasenexpreß

Motiv ca. 20 cm hoch

Vorlagen: Seite 76

Die Drillinge Tim, Tom und Tino haben den alten Lastwagen, der gerade über die Wiese rumpelt, wieder flottgemacht. Ob er wohl noch einmal durch den TÜV kommt?
Beginnen Sie mit dem Montieren des Lastwagens. Auf das große gelbe Wagenteil kleben Sie zuerst den roten Kühler (Strichpunktlinie), dann die Kotflügel und die Räder. Es folgen Fenster, Lenkrad und Kipper. Jetzt werden die drei bis auf die Pfoten identischen Hasen angebracht.

Osternest

Motiv ca. 20 cm hoch

Vorlagen: Seite 77

Gut versteckt liegen die bunten Eier im Gras. Mal sehen, wie lange es dauert, bis sie einer entdeckt.

Der eiförmige, grüne Rahmen ist am stumpfen Ende gezackt. Aus derselben Tonkartonfarbe ein kleineres, gezacktes Teil ausschneiden, das zusammen mit den drei Eiern von hinten an den Rahmen geklebt wird.

Zu beiden Seiten des Nestes werden drei dunkelgrüne, miteinander verwachsene Tulpenblätter angebracht. Insgesamt vier Tulpenstiele von vorne oder von hinten auf die Blätter kleben.

Jede Blüte besteht aus zwei gleichen Teilen. Ein Teil wird der Länge nach gefaltet und mit der Falzkante auf das andere Teil geklebt.

Nachdem Sie die beiden Schmetterlinge gefaltet haben, können Sie sie auf die Blumen setzen. Keine Angst, sie fliegen bestimmt nicht davon!

Glockenblumen

Motiv ca. 19 cm hoch

Vorlagen: Seite 78

Überraschend naturalistisch wirken diese Glockenblumen. Aus dem sternförmigen Bodenstück wachsen die Blütenstiele herzförmig nach oben. Die Herzform ist nach oben hin offen und kann mit der Schere oder dem Cutter ausgeschnitten werden.

Jede Blüte besteht aus zwei gleichen Teilen. Ein Blütenteil wird in der Mitte gefaltet und mit der Falzkante auf das andere geklebt.

Nun können Sie die Blüten und die Blätter fixieren. Die Herzform ist jetzt durch ein Blatt und eine Blütenknospe geschlossen.

Auf das sternförmige Bodenstück werden Blätter geklebt, die am Blattrand eingekerbt sind. Diese Blätter werden der Länge nach leicht zusammengedrückt, bis sie eine leichte Wölbung aufweisen.

Bevor sich die Schmetterlinge und die Marienkäfer auf den Glockenblumen niederlassen, sollten Sie sie mit einem schwarzen Filzstift bemalen.

Was heißt hier „Hundeleben"?

Hundehütte ca. 25 cm hoch

Vorlagen: Seite 79

Zufrieden döst die Hundemutter vor sich hin, während ihre Jungen vor der Hütte herumtollen.

Für das Mobile wird zuerst die Hundehütte mit einem Dach versehen. Dann werden die Konturen der Bretter und die Holzmaserung aufgemalt. Am Futternapf befestigen Sie von hinten den Knochen und das Futter. Anschließend fixieren Sie den Napf an der Hundehütte. Der Hundekopf, der von der Hütte halb verdeckt wird, besteht aus drei Teilen. Kleben Sie auf das dunkle Ohrenteil (durchgezogene Linie) das Kopfteil (gestrichelte Linie) und schließlich das Schnauzenteil (punktierte Linie). Bevor das Gesicht aufgemalt wird, bringen Sie den Kopf von hinten an der Hütte an.

Bei den anderen jungen Hunden werden nur die dunklen Ohren ergänzt sowie Gesicht und Trennlinien zwischen den Beinen aufgemalt. Einer dieser Hunde wird ebenfalls an der Hütte befestigt. Auf das Ohrenteil der Hundemutter (durchgezogene Linie) kleben Sie das Kopfteil (gestrichelte Linie), die Pfoten sowie das Schnauzenteil (punktierte Linie). Das Rumpfteil (Strich-Punkt-Linie) wird von hinten am Ohrenteil ergänzt.

Jetzt werden die beiden Hunde an die Hütte gehängt, die noch eine Aufhängung (Anleitung Seite 30/31) benötigt.

Und jetzt ein Eis!

Bären ca. 18 cm bzw. 26 cm hoch

Vorlagen: Seite 80

Herrlich erfrischend ist so ein Eis an heißen Tagen. Da kann kein Bär widerstehen. Zunächst erhält der kleine Genießer aus Regenbogen-Tonkarton Ohr, Arm und Bein. Wenn Sie wollen, können Sie den Bären auch hinsetzen. Das Auge und die Nase werden entweder aufgemalt oder aufgeklebt. Die Zunge ergänzen Sie von vorne, von hinten findet die Waffel mit den drei Eiskugeln in der Bärenhand ihren Platz. Mmh, lecker!

Maiglöckchen

Motiv ca. 13 cm hoch

Vorlagen: Seite 80

Der Mai ist gekommen, und die Blüten schlagen aus. Diese Bänder aus Tonpapier fangen den Charme der filigranen Maiglöckchen ein. Wie sie gemacht werden, steht auf Seite 5.
So hübsch, wie sie sind, werden bestimmt auch an Ihrer Scheibe ein paar Schmetterlinge die Blumen besuchen.

Trollblumen und Dukatenfalter

Motiv ca. 20 cm hoch

Vorlagen: Seite 81

Der Sommer kommt. Überall grünt und blüht es. Fertigen Sie zunächst den Rahmen für das Fensterbild an: Schneiden Sie erst die kleinen Innenflächen des Randes heraus, dann folgt die äußere Kontur.
Bekleben Sie die Rahmenmitte mit einem weißen Kartonachteck (gestrichelte Linie).
Stengel und Blätter der Trollblumen werden als ein Teil ausgeschnitten. Auf die grünen, kugelförmigen Stengelenden kleben Sie zuerst das gestrichelte gelbe Blütenteil.
Bei den beiden großen Blüten werden die gelben Blütenblätter (punktierte Linien) jeweils zweimal benötigt und versetzt am gestrichelten Blütenteil befestigt.
Anschließend schneiden Sie die beiden Dukatenfalter jeweils als ein Teil aus orangefarbenem Karton aus. Rumpf und Flügelränder werden mit Filzstift schwarz eingefärbt, bevor die Schmetterlinge auf dem Bild fixiert werden.

Familienidylle im Ozean

Motiv ca. 20 cm hoch

Vorlagen: Seite 82

Dieses Mobile entführt in die Weiten des Ozeans.
Am blauen Rahmen wird der gelbe Meeresboden befestigt. Der sandige Boden ist bedeckt mit Felsen, Kraken, Korallen, Schiffwracks, Schatzkisten etc.
An der Wasseroberfläche schwimmt ein Wal, der durch einen weißen Wasserstrahl mit dem Himmel verbunden ist.
Mit dem Pluster-Pen können Sie plastische Akzente setzen. Plusterfarben quellen unter dem heißen Luftstrom des Föns auf.
Zum Schluß werden die beiden unteren Wale in den Rahmen gehängt.
Jetzt ist die Familienidylle perfekt.

Aufhängung

Bei Mobiles, die nach allen Seiten ausgewogen und im Ganzen beweglich sind, genügt ein Punkt zur Aufhängung. Diesen Punkt kann man leicht ausbalancieren. Man stanzt dort mit der Lochzange ein Loch und zieht den Aufhängefaden hindurch.
Soll ein Mobileträger oder -rahmen in der Blickrichtung fixiert werden, so sind zwei Löcher erforderlich, von denen ausgehend jeweils ein Faden senkrecht zur Decke geht. Wenn Einzelelemente des Mobiles immer in eine bestimmte Richtung schauen sollen, sind zwei Löcher und zwei exakt darüber befindliche Anknüpfungen nötig.
Die Figuren werden vorsichtig zwischen Daumen und Zeigefinger ausbalanciert. Wenige Millimeter vom Rand entfernt werden an den betreffenden Stellen Aufhängelöcher eingestochen oder ausgestanzt.

Unter die zu durchstechende Kartonfigur einen oder mehrere dicke Kartons legen. Die markierte Einstichstelle mit einem Stechzirkel, einer Vorstech- oder einer Radiernadel durchstechen. Ist das Loch in der Kartonfigur erst einmal vorhanden, kann es ohne Kartonunterlage durch tieferes Einstechen und gleichzeitiges Drehen des Stechgegenstandes vergrößert werden. Zum Aufhängen der Mobiles empfiehlt sich farblich passendes, dünnes Nähgarn.

Mit vollen Segeln

Motiv ca. 20 cm Durchmesser

Vorlagen: Seite 83

Ein Segeltörn macht bei schönem Wetter gleich noch mal soviel Spaß. Das Segelboot schneiden Sie am besten mit dem Cutter aus Regenbogen-Tonkarton aus und kleben es dann zusammen mit der Sonne und den Möwen auf eine blau-violettfarbene Kartonscheibe (Durchmesser 20 cm). Schiff ahoi!

Fuchsienpracht

Motive ca. 11 cm bzw. 12 cm hoch

Vorlagen: Seite 83

In voller Blüte stehen diese Fuchsien. Wie die Bänder aus Tonpapier hergestellt werden, erfahren Sie auf Seite 5. Das Schönste an diesen Blumen ist, daß sie weder gegossen noch gedüngt werden müssen.

Kugelbäumchen unterm Rosenspalier

Motiv ca. 20 cm hoch

Vorlagen: Seite 84

Wer sich an dieses Fensterbild wagt, sollte schon einige Übung mit dem Cutter haben. Am besten beginnen Sie mit dem Schneiden am unteren Ende des linken oder rechten Rosenstocks und legen dann den mittleren Rosenstock frei. Nun kann der dazwischenliegende Zaun samt dem Kugelbäumchen herausgearbeitet werden. Anschließend die andere Bildhälfte ausschneiden. Beidseitig die gelben Blumentöpfe und Schleifen sowie die weißen Zierbänder an den Töpfen deckungsgleich aufkleben. Nun noch die gelben Blüten und Schmetterlinge anbringen, und dann können Sie einen Ehrenplatz für dieses kleine Kunstwerk suchen.

Sonnenblumen-Strauß

Motiv ca. 27 cm hoch

Vorlagen: Seite 74

Solch ein Sonnenblumenstrauß aus Regenbogen-Tonkarton fängt die Farben des Sommers ein. Beginnen Sie mit dem Anbringen der dreiteiligen Schleife an den Blumenstengeln; es folgen die fünf Blätter. Zum Schluß ergänzen Sie noch die sechs zweiteiligen Blüten.

Besuch beim Fliegenpilz

Motiv ca. 16 cm hoch

Vorlagen: Seite 85

Heidelbeeren sind sooo lecker. Da muß die Schnecke doch gleich einmal kosten.
Auf den hufeisenförmigen Stiel des Fliegenpilzes den breiten, roten Hut kleben. Anschließend wird der Pilz auf dem Grasbüschel fixiert. Zu beiden Seiten des Pilzes zunächst die braunen Heidelbeerzweige anbringen. Die aufgeklebten Blätter sind unterschiedlich groß.
Nun können Sie Schmetterling, Raupe und Schnecke ausschneiden, mit schwarzem Filzstift bemalen und am Pilz befestigen. Abschließend die weißen Flecken auf dem roten Pilzhut verteilen.

Drachenwetter

Motive ca. 15,5 cm und 17 cm hoch

Vorlagen: Seite 86

Wenn der Wind weht, ist die ideale Zeit, um Drachen steigen zu lassen. Zunächst werden die Bänder aus Tonpapier ausgeschnitten (Anleitung Seite 5). Dann die Drachengesichter mit einem feinen, schwarzen Filzstift aufmalen. Bei den Augen ist eine Kreisschablone sehr hilfreich. Die Bänder können Sie mit einigen Wolken an Ihrem Fenster dekorieren.

Raben-Franz

Motiv ca. 27 cm hoch

Vorlagen: Seite 87

Vogelscheuchen sind lustige Gesellen, die Gärten und Felder bevölkern und unerwünschte Mit-Esser von Obst, Gemüse oder Getreide abhalten sollen.

Bringen Sie zuerst die Holzarme und -beine von hinten am roten Kittel des Raben-Franz an. Von vorne werden der Kopf samt Haaren und der Hut befestigt. Ebenfalls von vorne kleben Sie die Raben samt Schnabel, die Flicken, das Hutband und die Grünfläche an.

Bemalen Sie den munteren Zeitgenossen und seine beiden Besucher mit einem schwarzen Filzstift oder einem Tuschefüller. Die Rabenaugen werden mit einem weißen und einem schwarzen Lackstift aufgetupft.

Die Birnen sind reif

Motiv ca. 19,5 cm hoch

Vorlagen: Seite 88

Zuckersüße, saftige Früchte warten darauf, geerntet zu werden! Britta und Lisa sind schon eifrig dabei.

Legen Sie zuerst entweder den Zaun oder das Laub und das Astwerk frei. Die zwischen Baumkronen und Zaun liegende Fläche sollte aus Stabilitätsgründen erst anschließend herausgeschnitten werden.

Von den farbigen Teilen werden Schablonen gefertigt. Setzen Sie Britta und Lisa zusammen, und legen Sie einige Birnen in den Korb. Abschließend bringen Sie die Früchte auf den Bäumen an. Einige sind schon heruntergefallen und liegen im Gras. Lisa hat gerade eine Birne aufgehoben. Ob sie der Versuchung widerstehen kann, die süße Frucht zu kosten?

Ich hab' den vollen Durchblick

Motiv ca. 23 cm hoch

Vorlagen: Seite 89

Axel Schneck konnte der saftigen Birne nicht widerstehen, er hat sich bereits durchgefressen.
Zunächst die dreiteilige Birne zusammenfügen. Befestigen Sie das Hutband und die Fühler an Axels Hut. Der Hut wird nun von hinten am Schneckenkopf angebracht. Augen aufkleben und das Gesicht aufmalen. Das bemalte Haus auf Axels Rücken kleben. Jetzt kann Axel seinen Kopf durch die Öffnung in der Birne stecken.

Bunter Blätterreigen

Motive ca. 8 cm, 10 cm und 12 cm hoch

Vorlagen: Seite 103 und 104

Im Herbst zeigen sich die Blätter in ihren schönsten Farben. Wie die Bänder aus Tonpapier hergestellt werden, steht auf Seite 5.

Sieh mal, wir bekommen Besuch

Mäuse ca. 12 cm hoch

Vorlagen: Seite 90

Die fleißigen Mäuse haben bereits einen Vorrat für den Winter zusammengetragen, der nach einem kleinen Imbiß in die Vorratskammer geschafft werden soll.
Fixieren Sie die zweiteiligen Ohren, die Augen und die Nasen auf den Mäusekörpern, und bemalen Sie die Mäuse der Abbildung entsprechend.
Die Ähren werden stets als ein Teil ausgeschnitten. Von hinten kann der Halm befestigt werden. Geben Sie jeder Maus ein Getreidekorn zum Knabbern in die Pfote.
Bevor Sie die rechte Maus fixieren, eine Ähre samt Halm zwischen beide Mäuse legen. Eine weitere Ähre und ein Getreidekorn vor den Tieren plazieren. Den zweiteiligen Schmetterling zusammenkleben und bemalen. Was er wohl für Neuigkeiten bringt?

TIP *Als Fensterdekoration können Sie mehrere Mäuse hintereinander anordnen, dabei kann eine Maus auch eine Ähre am Halm festhalten.*

Geisterstunde

Motive ca. 11,5 cm und 13 cm hoch

Vorlagen: Seite 91

Huuui, die kleinen Gespenster haben sich zur Mitternachtsparty getroffen und tanzen lustig durch das Spukschloß.
Die Gespenstergesichter werden mit einem feinen, schwarzen Filzstift auf die Faltbänder aus Tonpapier (Anleitung Seite 5) aufgemalt. Die Größe der Burg können Sie – wie auch die Anordnung der Bogenfenster und des Tores – beliebig verändern. Jetzt fehlt nur noch Hugo. Wo er nur bleibt?

Fröhliche Kürbisgeister

Großer Kürbis ca. 15 cm hoch

Vorlagen: Seite 92

Diese lachenden Kürbisgesichter verbreiten an grauen Herbsttagen gute Laune. Kleben Sie auf den orangeroten Kürbis den an ein Hütchen erinnernden Deckel. Auch der grüne Stiel darf nicht fehlen.
Anschließend werden von oben nach unten die leicht gewölbten schwarzen Linien mit einem Tuschefüller oder einem schwarzen Filzstift aufgemalt. Zeichnen Sie die Linien am besten mit einem Bleistift leicht vor.
Nun kann das Gesicht aufgeklebt werden. Beginnen Sie mit dem Mund. Es folgen die Nase und dann die Augen. Stets werden zuerst die etwas größeren, gelben Teile angebracht, die schwarzen Teile kommen zum Schluß.
Fertigen Sie so beliebig viele Kürbisgeister an, und plazieren Sie sie gemeinsam mit dem Mond und den Sternen dekorativ am Fenster.

Adventszweig

Kerze ca. 20 cm hoch

Vorlagen: Seite 93 und 94

Advent, Advent, ein Lichtlein brennt ...
Kleben Sie an die Kerze von vorne die Flamme und von hinten den Kerzenhalter. Wenn Sie wollen, können Sie noch einen schwarzen Docht aufmalen.
Die Kerze kleben Sie zusammen mit zwei Sternen auf den Tannenzweig.

Weihnachtliches Fenster

Motiv ca. 21 cm hoch

Vorlagen: Seite 93

... erst eins, dann zwei, dann drei, dann vier, dann steht das Christkind vor der Tür. Nun ist es nicht mehr weit bis Weihnachten.
Legen Sie das Fenster Sprosse für Sprosse mit dem Cutter frei. Die äußere Kontur mit der Schere nachschneiden. Abschließend die Zweige mit den Kerzen, den Kranz und die Girlande samt Schleifen anbringen.

Gemütliche Adventszeit

Motiv ca. 13 cm hoch

Vorlagen: Seite 94

Benni Bär hat es sich bei Kerzenschein vor dem Tannenbaum bequem gemacht.
Die beiden gelben Pulloverteile (Strich-Punkt-Linie und gestrichelte Linie) werden aufeinandergeklebt. Unter dem schräg nach unten weisenden Ärmel zuvor noch eine Hand (punktierte Linie) anbringen. Nun wird am Pullover von vorne der Bärenkopf angeklebt. Die zweite Hand, die den Kopf abstützt, befestigen. Am Kopf noch ein Ohr ergänzen (gestrichelte Linie), auf das mit einem schwarzen Filzstift ein Halbkreis gemalt wird. Von hinten am Pullover die Hose, und daran die Schuhe fixieren.
Nachdem Sie die Kerze am Weihnachtsbaum angebracht haben, wird der Baum auf den blauen Rahmen geklebt. Nun kann sich Benni Bär gemütlich davor niederlassen.

Der Weihnachtsmann beim Packen

Motiv ca. 20 cm hoch

Vorlagen: Seite 103

Wie jedes Jahr muß sich der Weihnachtsmann mal wieder ganz schön plagen, um alle Geschenke in seinem Sack zu verstauen.
Am oberen Sackrand werden von hinten erst die Päckchen und dann der Teddybär befestigt.
Weitere Päckchen kleben Sie dem Nikolaus unter die Manteltasche. Der Sack wird von hinten am Mantel fixiert.
Die Umrisse der weißen Teile können Sie noch mit Pluster-Pen nachziehen. Ebenso den Rand der Manteltasche sowie die Sackschnur. Nun paßt aber wirklich nichts mehr in den Sack!

Drei kleine Glocken im Ring

Motiv ca. 20 cm Durchmesser

Vorlagen: Seite 95

Die drei Glocken läuten das Weihnachtsfest ein.
Pausen Sie das Motiv mit Zirkel, Lineal und Bleistift auf Transparentpapier ab, oder fertigen Sie einfach eine Fotokopie davon an.
Nun wird die kopierte Vorlage auf Tonkarton Ihrer Wahl gelegt und mit dem Klammerhefter mehrfach befestigt. Einige Klammern sollten aus Stabilitätsgründen auch in den Innenflächen, die später herausgeschnitten werden, fixiert werden.
Legen Sie den Karton auf eine Schneideunterlage, und schneiden Sie die Konturen mit dem Cutter durch das Transparentpapier bzw. die Fotokopie.
Zuerst werden die kleinsten Innenflächen herausgeschnitten. Beginnen Sie mit den gitterartigen Innenflächen im oberen Bilddrittel, dann folgen die Innenfläche des großen Sterns, die Innenflächen der kleinen Glocken, die Flächen zwischen dem großen Stern und den Glocken, die Innenflächen der großen Glocke und die restliche Innenflächen.
Der äußere Rand wird zum Schluß mit der Schere oder dem Cutter nachgeschnitten.

TIP *Das Fensterbild kann auch mit Transparentpapier ein- oder mehrfarbig hinterklebt werden (Anleitung Seite 14).*

Adventsgestecke

Motiv ca. 17 cm hoch

Vorlagen: Seite 61

Diese Gestecke können Sie zwar nicht auf den Tisch stellen, dafür erhalten Sie aber einen zauberhaften Schmuck für Ihr Fenster.
Wie so ein Faltband aus Tonpapier angefertigt wird, sehen Sie auf Seite 5. Es empfiehlt sich, zuerst den Stern und die Innenfläche des Kerzenscheins mit dem Cutter herauszuschneiden.

TIP *Wenn Sie eine einzelne Kerze an Ihrem Fenster anbringen möchten, muß die Schablone um die gestrichelten Linien erweitert werden.*

Hirten auf dem Weg zum Stall

Motiv ca. 17,5 cm hoch

Vorlagen: Seite 96

Die Hirten auf dem Feld haben den Stern entdeckt und folgen ihm zur Krippe. Schneiden Sie zuerst die Flächen zwischen den beiden Hirten heraus, dann folgen die Flächen zwischen den Beinen des stehenden Schafes, die Fläche um das stehende Schaf, die Konturen der Hirten und des liegenden Schafes, die Fläche um den Stern, die Fläche um den Sternschweif und die Fläche um die Hirten.

Anschließend wird die äußere Kontur mit der Schere ausgeschnitten.

Malen Sie den Stern sowie den Stock und die Hüte der Hirten mit einem Goldstift an. Die Grasbüschel zeichnen Sie am besten leicht mit Bleistift vor, bevor sie mit Goldstift konturiert und ausgemalt werden.

Weihnachtskrippe

Motiv ca. 15,5 cm hoch

Vorlagen: Seite 97

Der Stern weist den Weg zur Krippe. Die Konturen des transparenten Fensterbildes werden zum Teil mit Hilfe eines Lineals auf Karton übertragen (Anleitung Seite 6). Mit Cutter und Nagelschere wird das Motiv Feld für Feld von oben nach unten herausgearbeitet. Denken Sie dabei an eine geeignete Schneideunterlage.
Den Rahmen mit der Schere ausschneiden. Die Rahmenecken werden erst zum Schluß abgerundet. Abschließend können Sie das Bild teilweise mit weißem Transparentpapier hinterkleben (Anleitung Seite 14).

Ein Engel ...

Engel ca. 23 cm hoch

Vorlagen: Seite 98

Der kleine Himmelsbote freut sich schon auf das Fest. Legen Sie seinen Kopf direkt an das Kleid, und kleben Sie den blonden Haarschopf auf. Nun werden die Flügel und die Beine angebracht. Der Engel streckt den Arm mit der Hand nach vorn und winkt seinem himmlischen Freund.

Engel ca. 23 cm hoch

Vorlagen: Seite 98

Dieser Engel hält eine Kerze in der Hand. Die Vorlage ist identisch mit der für den Engel auf der linken Seite.
Sie können entscheiden, ob Ihr Engel steht oder geht. Auch die Arme können entweder ausgestreckt sein oder nach unten hängen.

Schneemänner mit Sternen

Motive ca. 16,5 cm und 18,5 cm hoch

Vorlagen: Seite 104 und 105

Ob aufgehängt oder aufgestellt, diese Männer in Weiß machen in der kalten Jahreszeit überall eine gute Figur. Die Faltbänder aus Tonpapier werden so gefertigt, wie auf Seite 5 beschrieben.

Hurra, es schneit!

Schneemann ca. 15 cm hoch

Vorlagen: Seite 99

Endlich haben die naßkalten, grauen Tage ein Ende! Lustig tanzen die Schneeflocken im Wind.

Setzen Sie zuerst dem Schneemann den roten Hut mit dem gelben Band auf. Anschließend wird ihm der Schal umgebunden. Genau zwischen Hut und Schal kleben Sie die Möhrennase.

Die Augen und eventuell auch den Mund malen Sie am besten mit einem Tuschefüller und einer Kreisschablone auf.

Nun werden an der Wolke sieben Fäden angebracht (zur Aufhängung des Mobiles siehe Seite 30/31). Am mittleren Faden befestigen Sie den Schneemann. Die Schneeflocken (ø 12 mm), z. B. aus Klebepunkten, werden in regelmäßigen Abständen von beiden Seiten deckungsgleich auf die Fäden geklebt. Und schon schneit es.

Seltene Gäste am Futterhäuschen

Futterhäuschen ca. 23 cm hoch

Vorlagen: Seite 100 und 101

Körner und Nüsse haben die Eichhörnchen angelockt. Kleben Sie das Schneedach auf das Futterhäuschen. Den Eichhörnchen werden noch die Gesichter aufgemalt, bevor sie um das Futterhäuschen herumtollen.

Kätzchen geht spazieren

Mieze ca. 18,5 cm hoch

Vorlagen: Seite 102

Ein Spaziergang durch den Schnee macht irre viel Spaß. Wenn Sie dem Kätzchen den Schal umgelegt haben, damit es sich nicht erkältet, können Sie sein Gesicht aufmalen. Sie zeichnen es am besten leicht mit Bleistift vor und ziehen dann die Linien mit einem feinen, schwarzen Filzstift nach. Jetzt steht dem kalten Vergnügen nichts mehr im Wege.

Futterhäuschen im Winter

Motiv ca. 18 cm hoch

Vorlagen: Seite 107

Wenn alles tief verschneit und vereist ist, treffen sich die Vögel am Futterhäuschen.
Zunächst einen Baum mit dem Cutter vollständig herausarbeiten, dabei mit den Verbindungsstellen zum Rahmen beginnen. Denken Sie an eine geeignete Schneideunterlage.
Nun folgt der Mittelbereich mit dem Futterhäuschen und anschließend der zweite Baum. Den Rahmen, an einer Stelle beginnend, rundum gestalten. Feinkorrekturen können Sie mit der Nagelschere vornehmen.

Viel Glück ...

Motive ca. 17 cm hoch

Vorlagen: Seite 105

Wer hat Angst vorm schwarzen Mann? An Silvester und Neujahr bestimmt niemand, denn einen Glücksbringer kann jeder gut gebrauchen.
Wie die Faltbänder aus Tonpapier gemacht werden, steht auf Seite 5. Diese netten Schornsteinfeger können entweder mit oder ohne Leiter ausgeschnitten werden. Wenn Sie auf die Leitern verzichten, endet die Schablone an der gestrichelten Linie. Viel Glück beim Basteln!

... und recht viel Schwein!

Motive ca. 6 cm, 8,5 cm und 10 cm hoch

Vorlagen: Seite 108

Schwein kann man nie genug haben. Diese drei Faltbänder sorgen für jede Menge Schwein. Die Glücksschweinchen bestehen aus Tonpapier und werden so gefertigt, wie auf Seite 5 beschrieben. Welches Schweinderl hätten S' denn gern?

Vorlagen in Originalgröße

Adventsgestecke

Seite 49

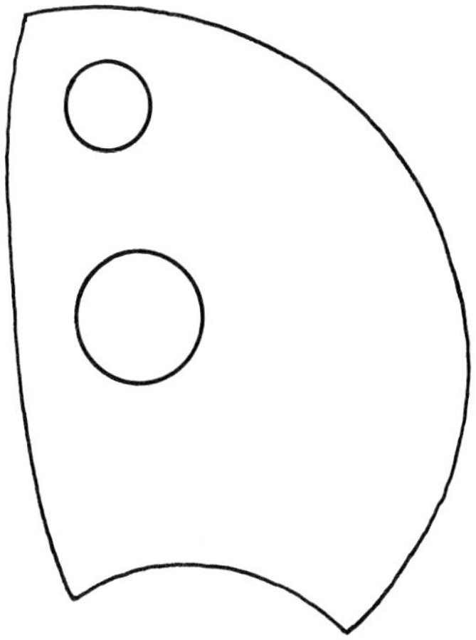

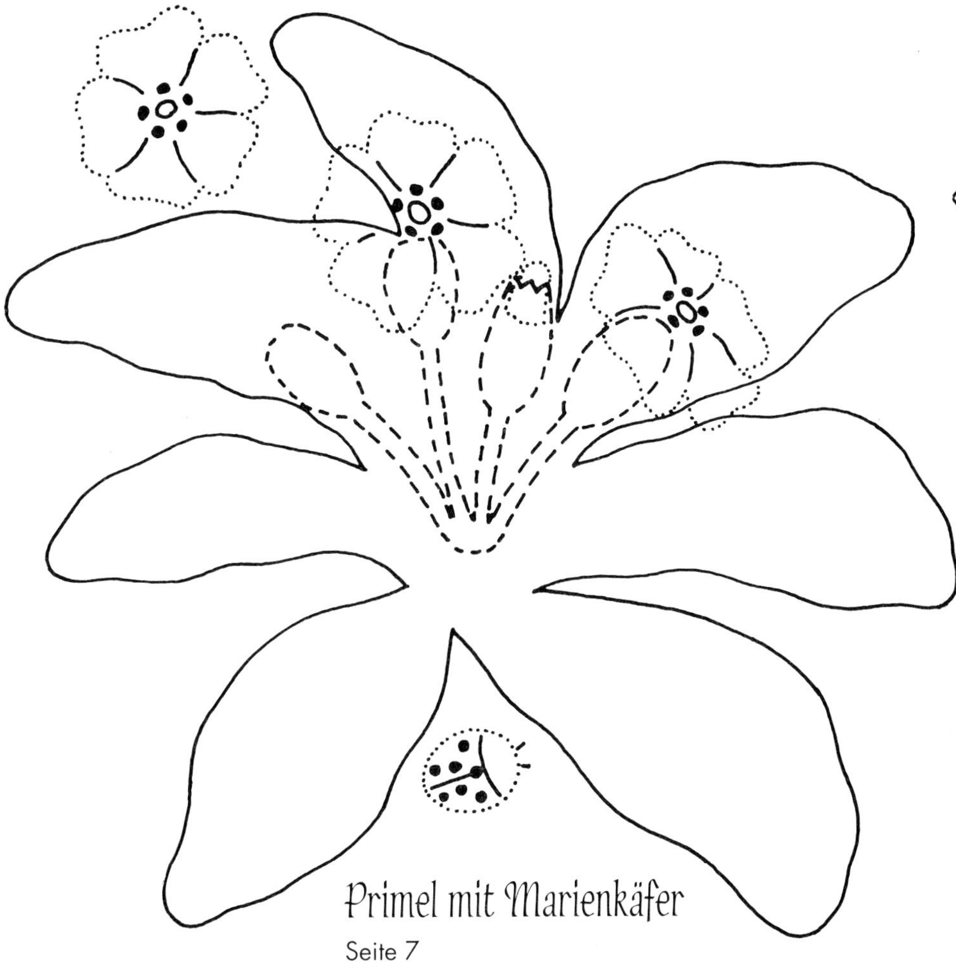

Primel mit Marienkäfer

Seite 7

Marienkäfer auf Achse

Seite 1 und 7

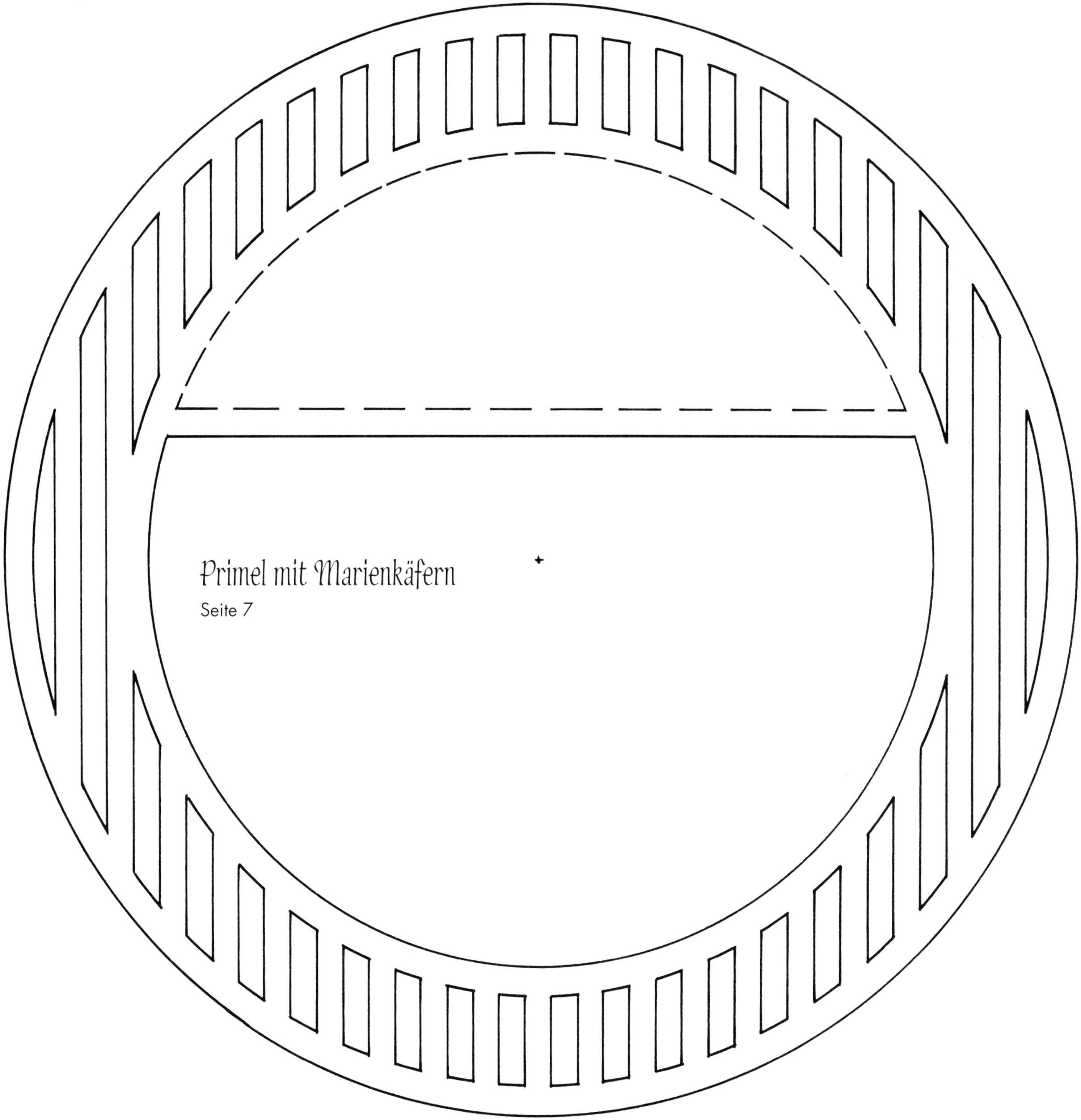

Primel mit Marienkäfern

Seite 7

Schneeglöckchen

Seite 8

Brrr, ganz schön kalt

Seite 9

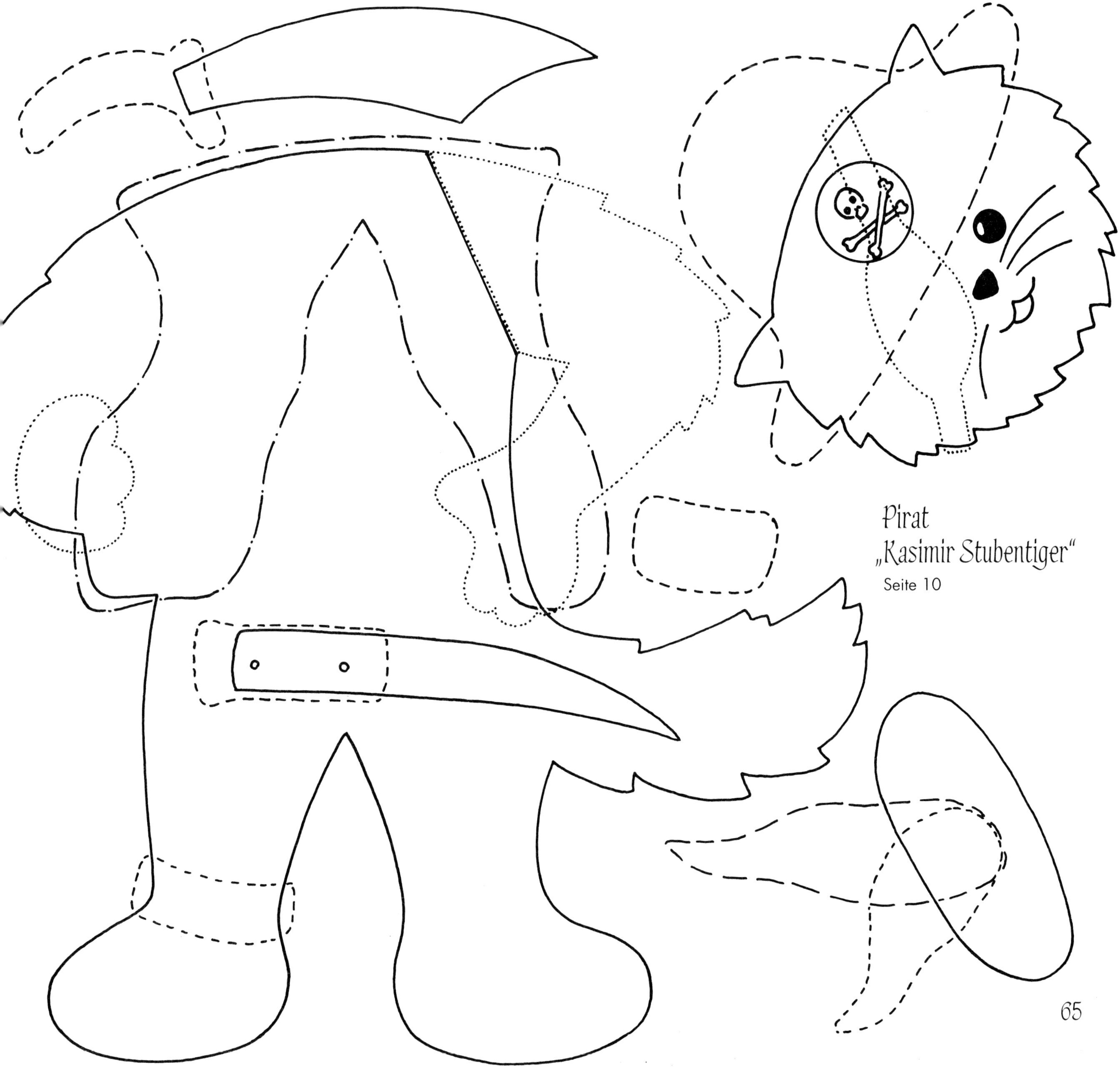

Pirat
„Kasimir Stubentiger“
Seite 10

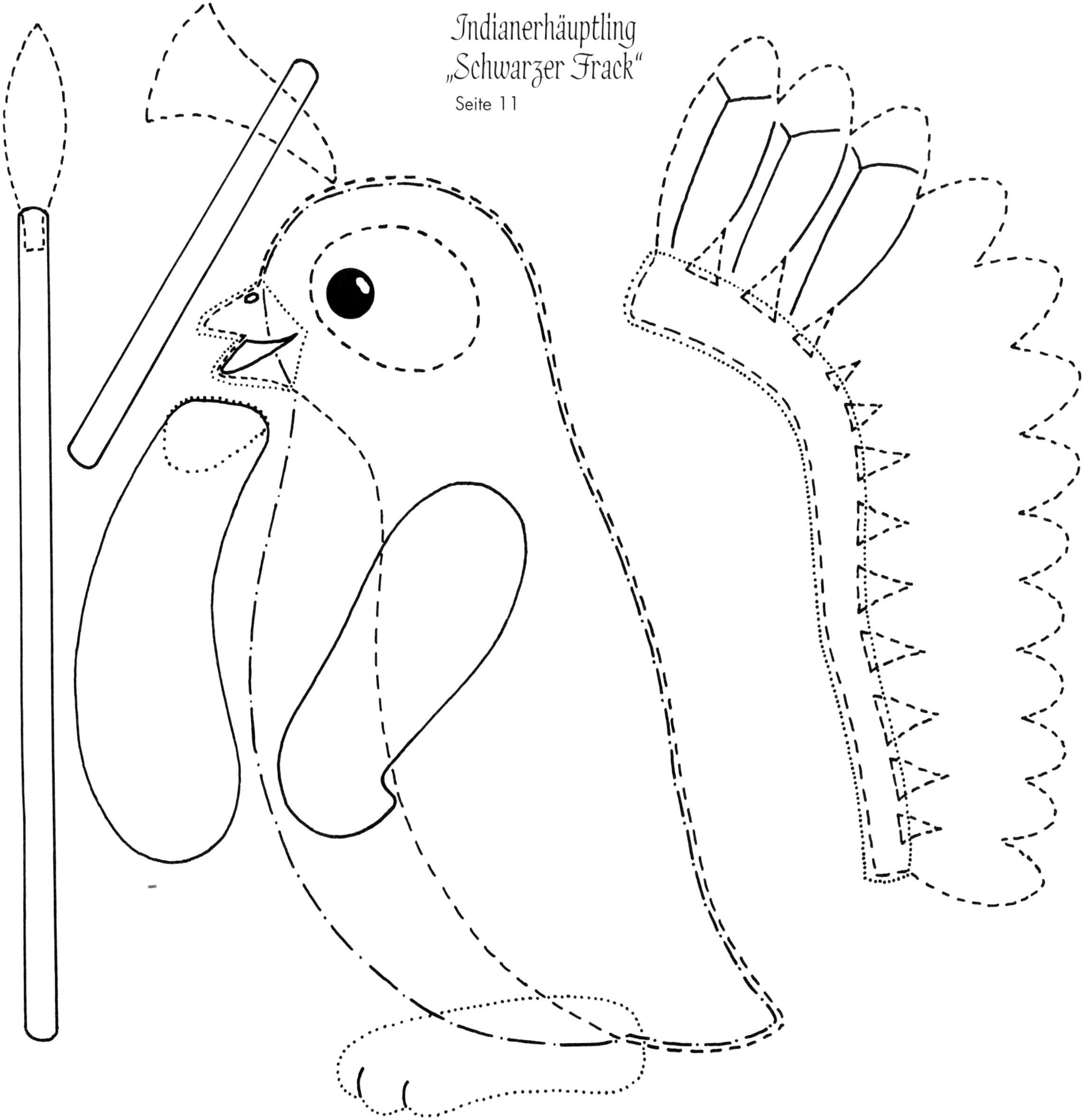

Indianerhäuptling
„Schwarzer Frack"

Seite 11

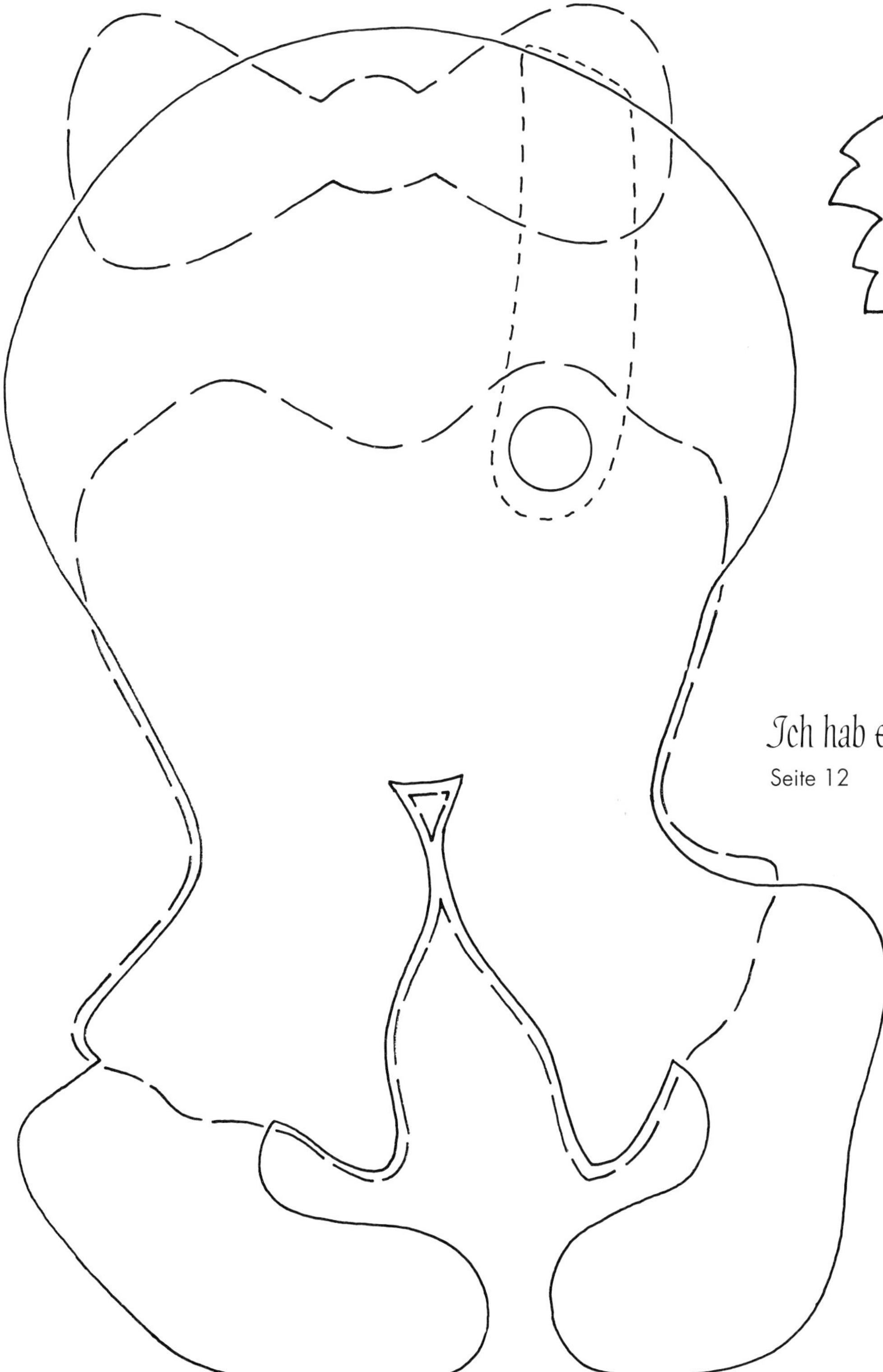

Ich hab etwas für dich!

Seite 12

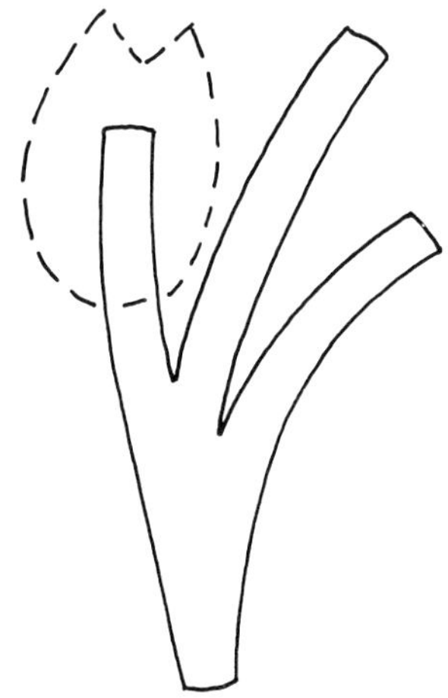

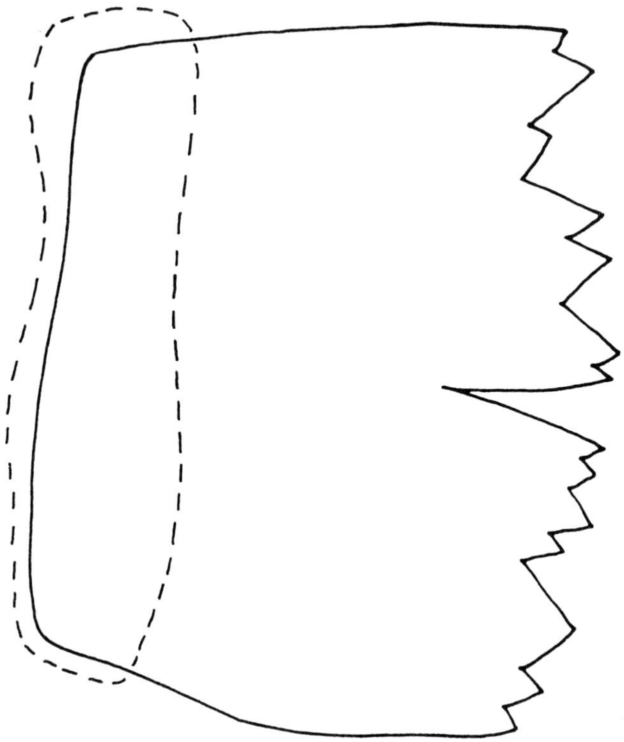

Pirat
„Kasimir Stubentiger"
Seite 10

Schneckentempo?
Seite 13

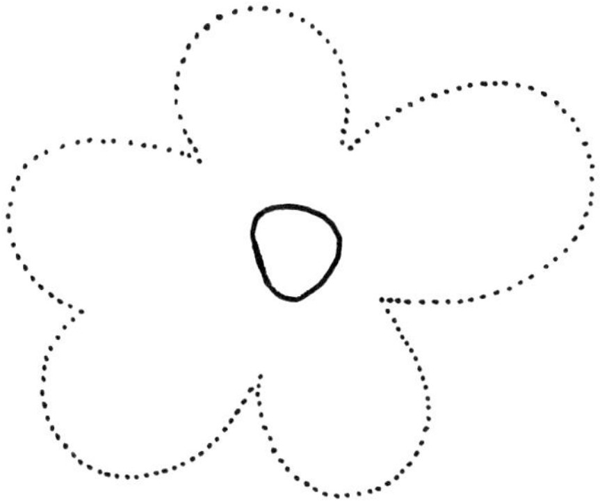

Veilchen-Zeit

Seite 16

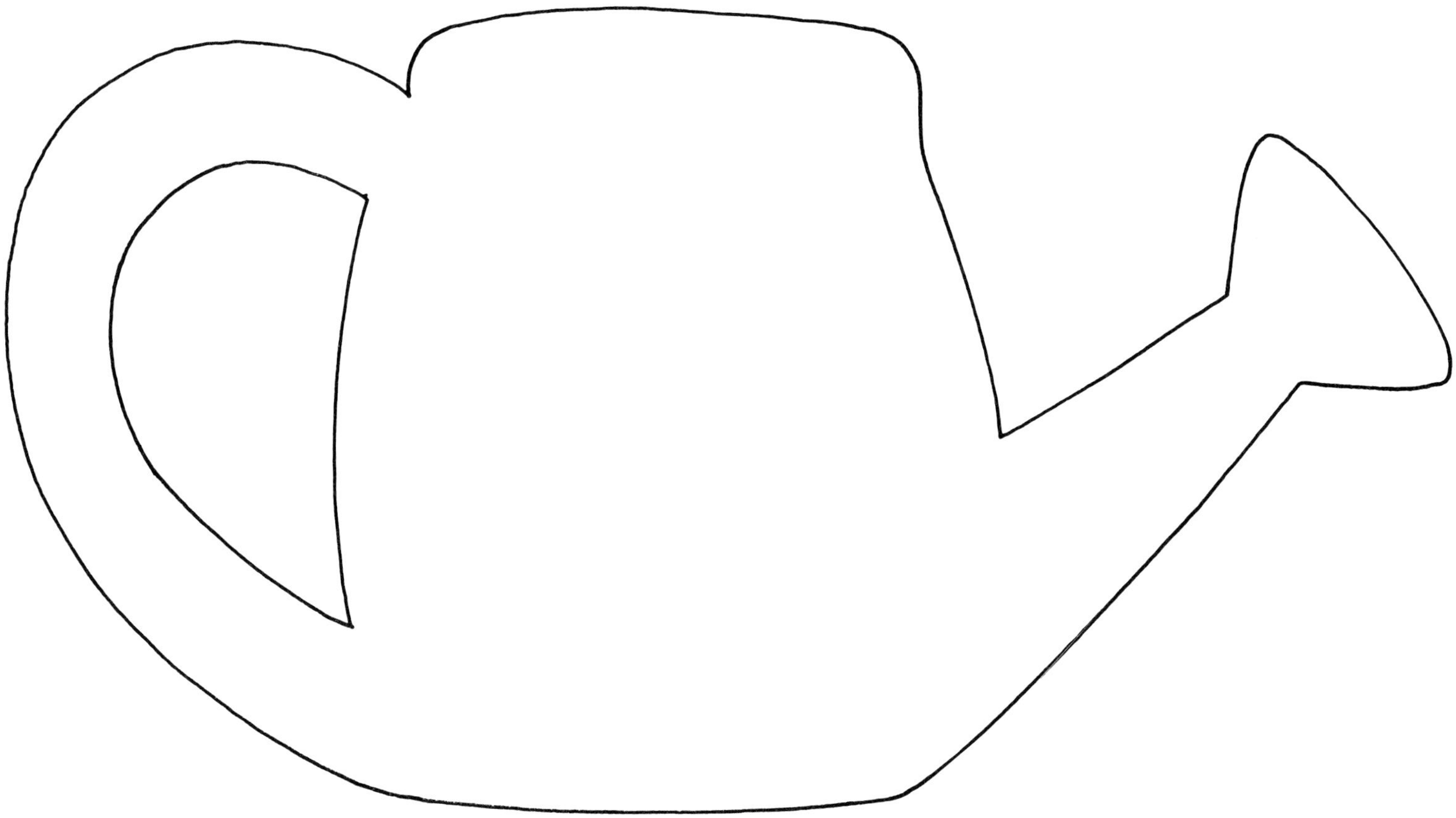

Ein Veilchen-Herz

Seite 15

Meine neue Schleife
Seite 21

Frühlingszeit – Osterzeit
Seite 19

Blütenbänder
Seite 18

Frühlingszeit – Osterzeit
Seite 19

Für dich
Seite 17

Frühlingszeit – Osterzeit
Seite 19

Überraschungseier

Seite 20

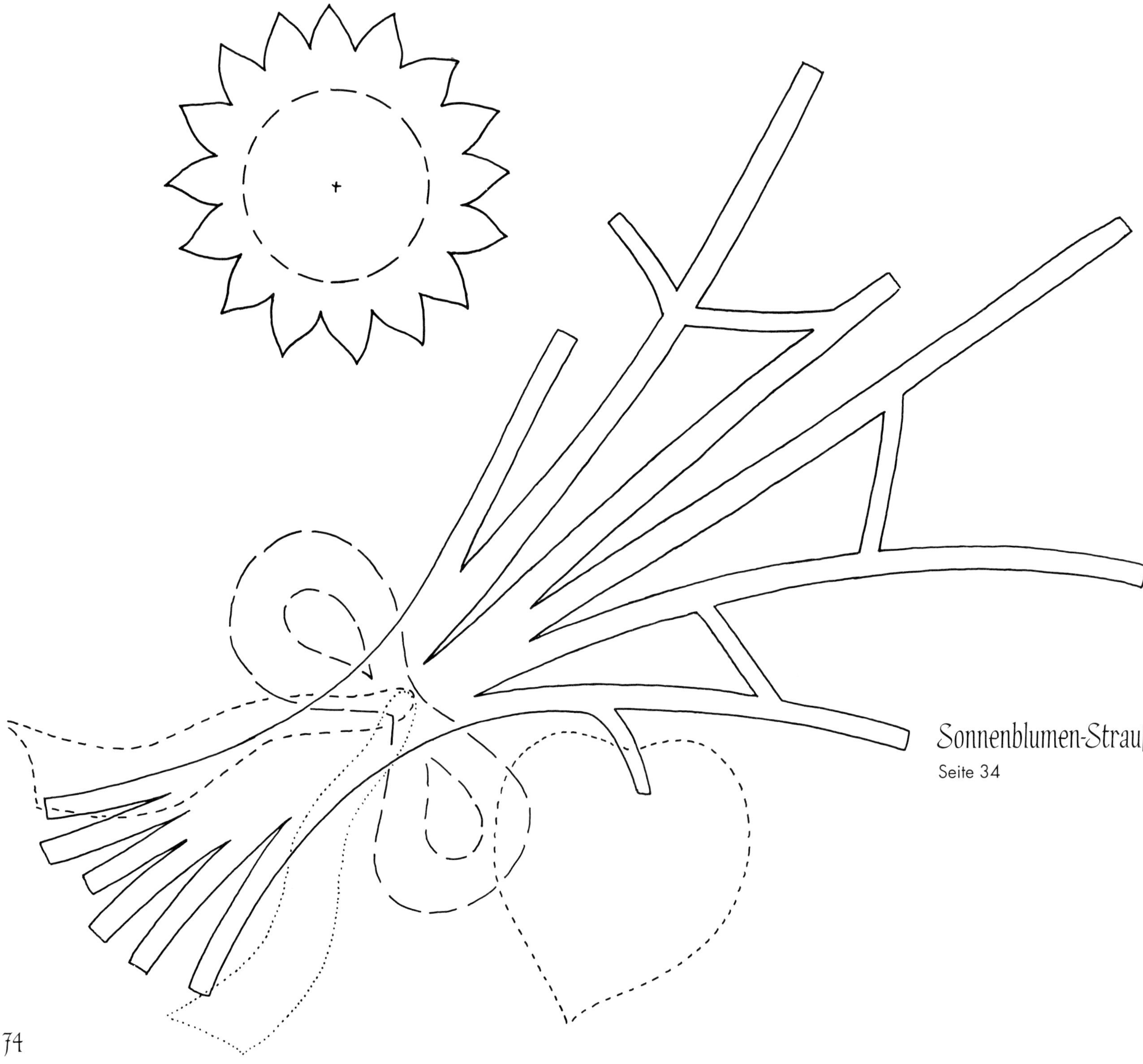

Sonnenblumen-Strauß

Seite 34

Ist der Korb aber schwer

Seite 22

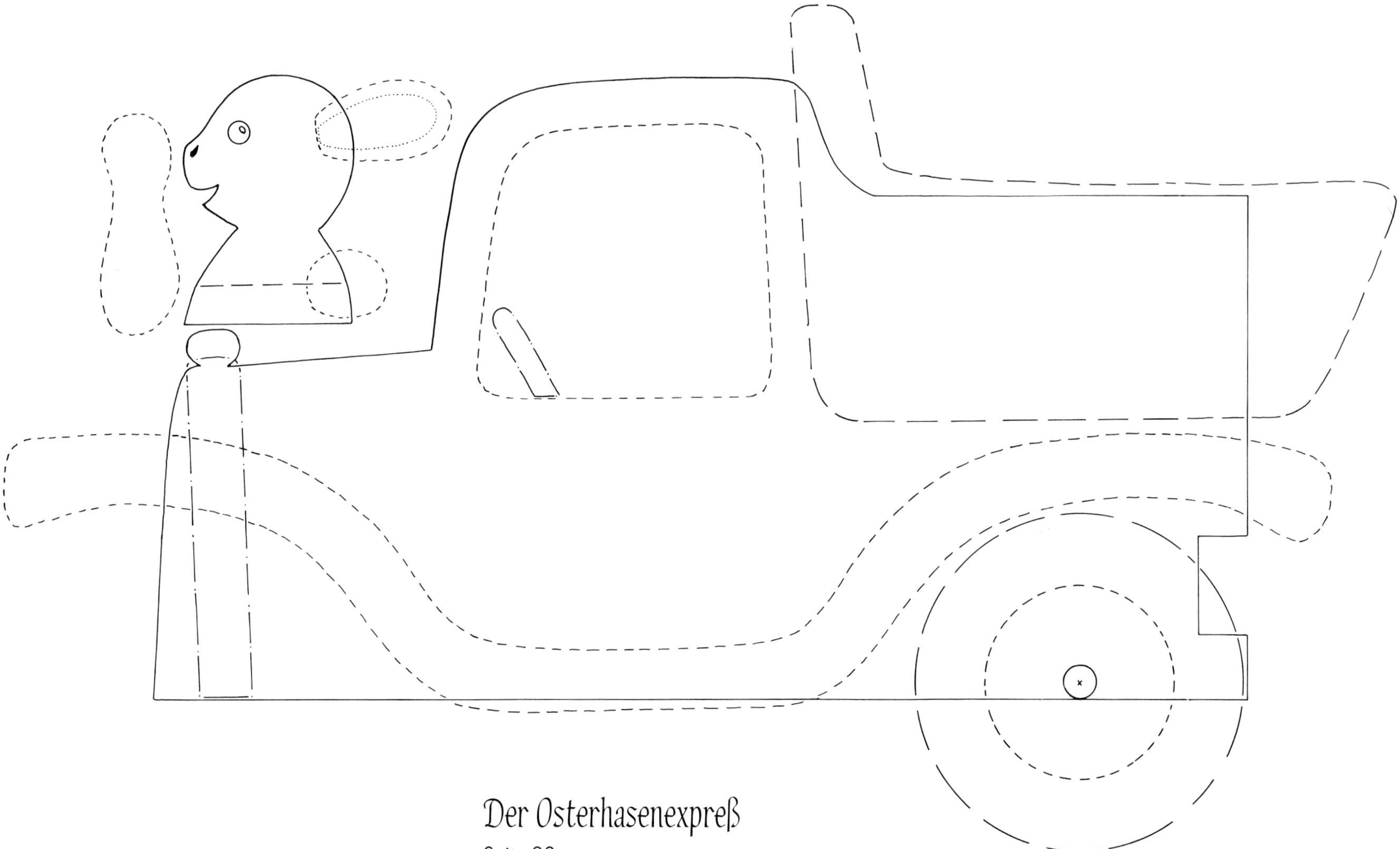

Der Osterhasenexpreß

Seite 23

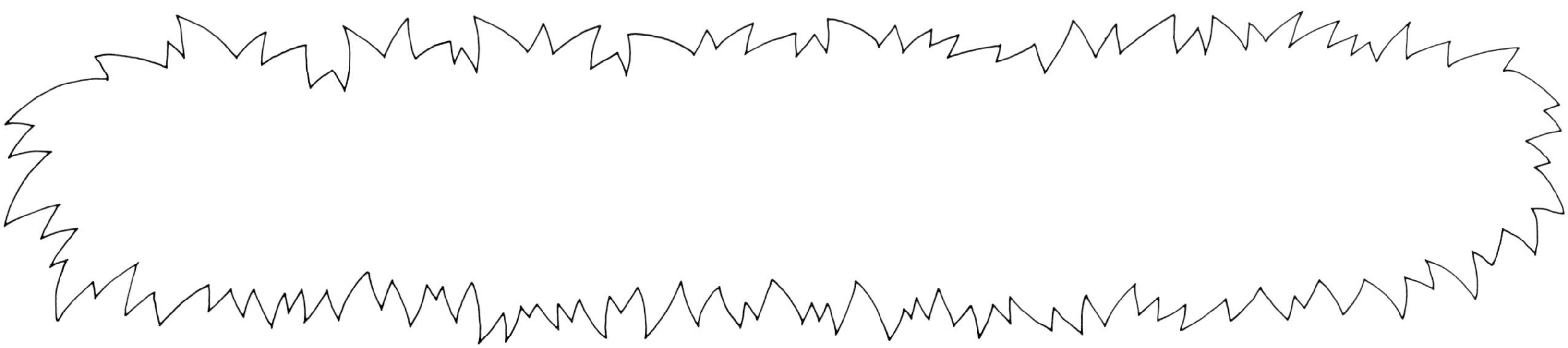

Osternest

Seite 24

Glockenblumen

Seite 25

Was heißt hier „Hundeleben?“

Seite 26

Und jetzt ein Eis!

Seite 27

Maiglöckchen

Seite 28

Trollblume und Dukatenfalter
Seite 29

Familienidylle im Ozean

Seite 30

Mit vollen Segeln

Seite 31

Fuchsienpracht

Seite 32

Kugelbäumchen unterm Rosenspalier

Seite 33

Besuch beim Fliegenpilz

Seite 35

Drachenwetter

Seite 36

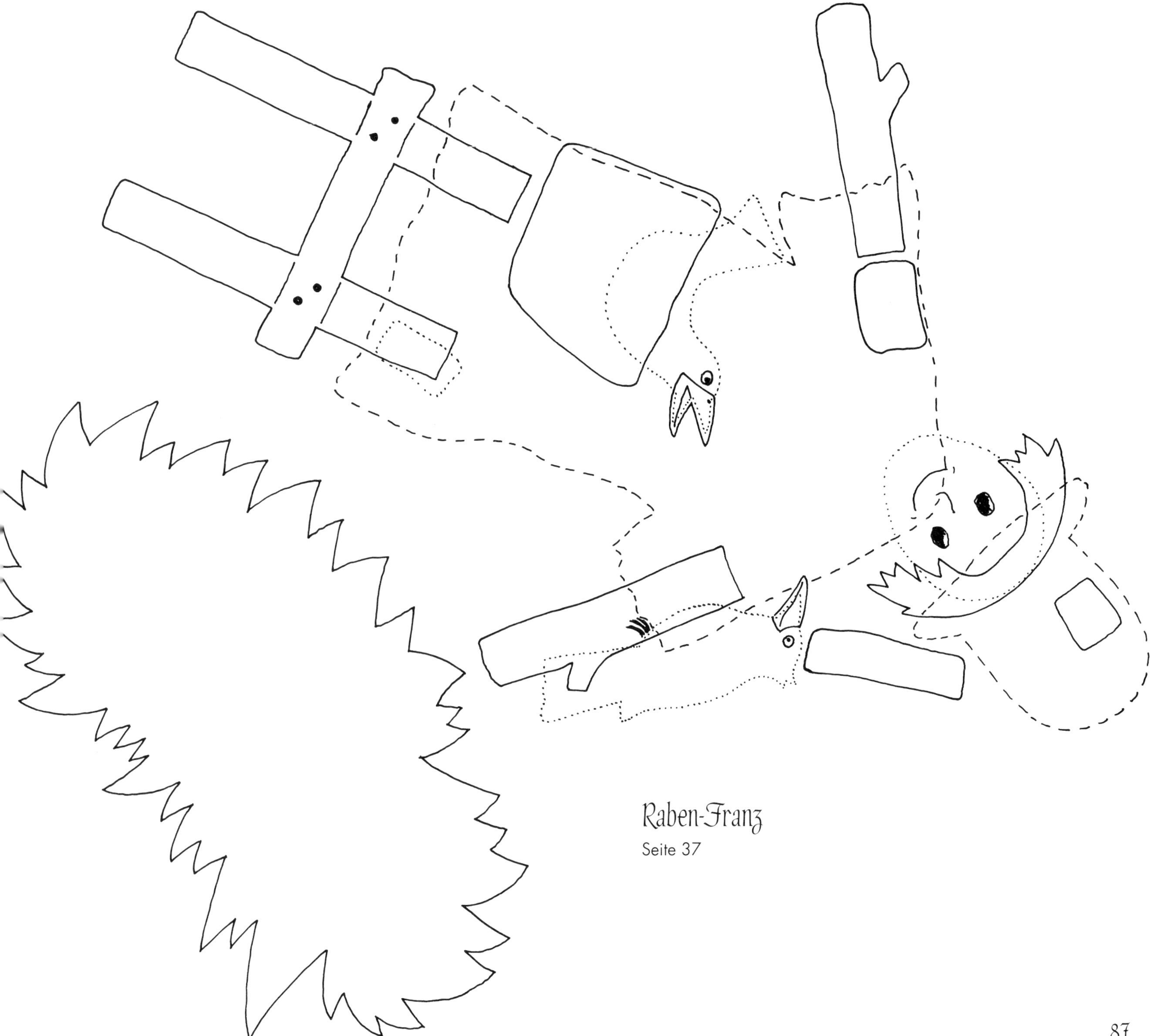

Raben-Franz

Seite 37

Die Birnen sind reif

Seite 38

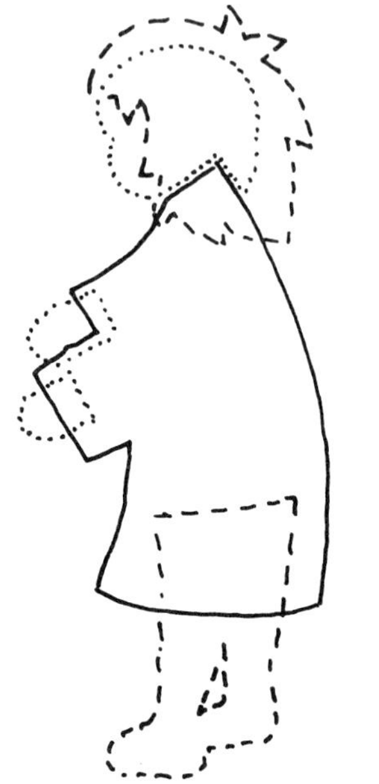

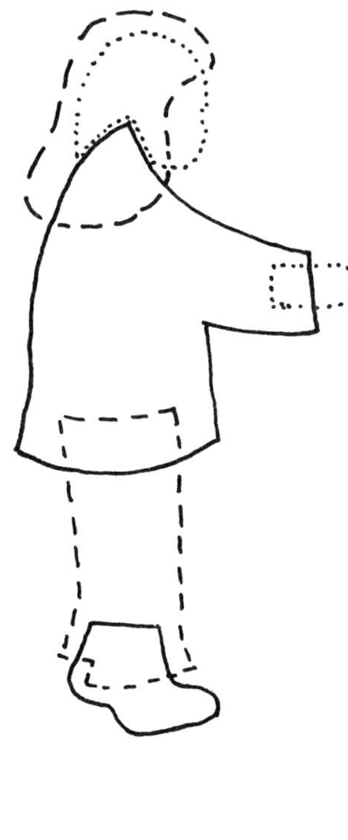

Ich hab' den vollen Durchblick

Seite 39

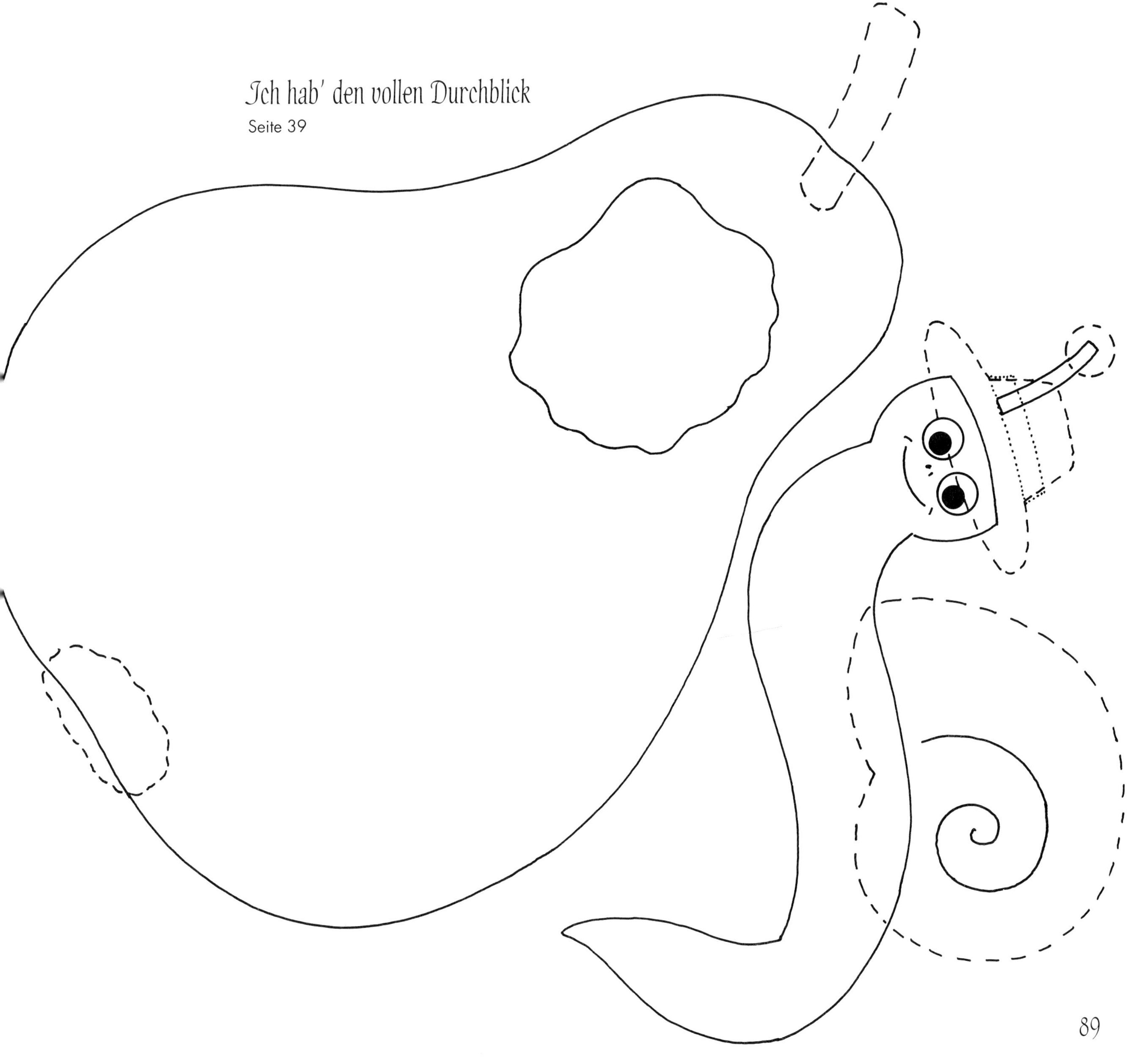

Sieh mal, wir bekommen Besuch

Seite 41

Geisterstunde

Seite 42

Fröhliche Kürbisgeister

Seite 43

Weihnachtliches Fenster

Seite 45

Adventszweig

Seite 44

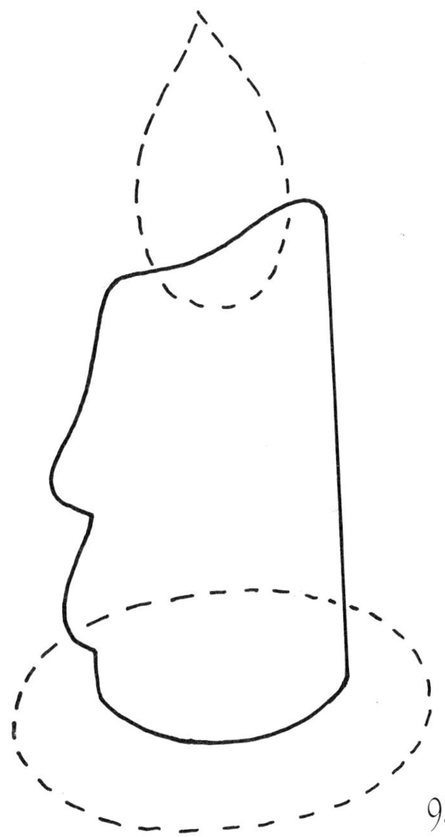

Adventszweig
Seite 44

Gemütliche Adventszeit
Seite 46

Drei kleine Glocken im Ring

Seite 48

Hirten auf dem Weg zum Stall

Seite 50

Weihnachtskrippe

Seite 51

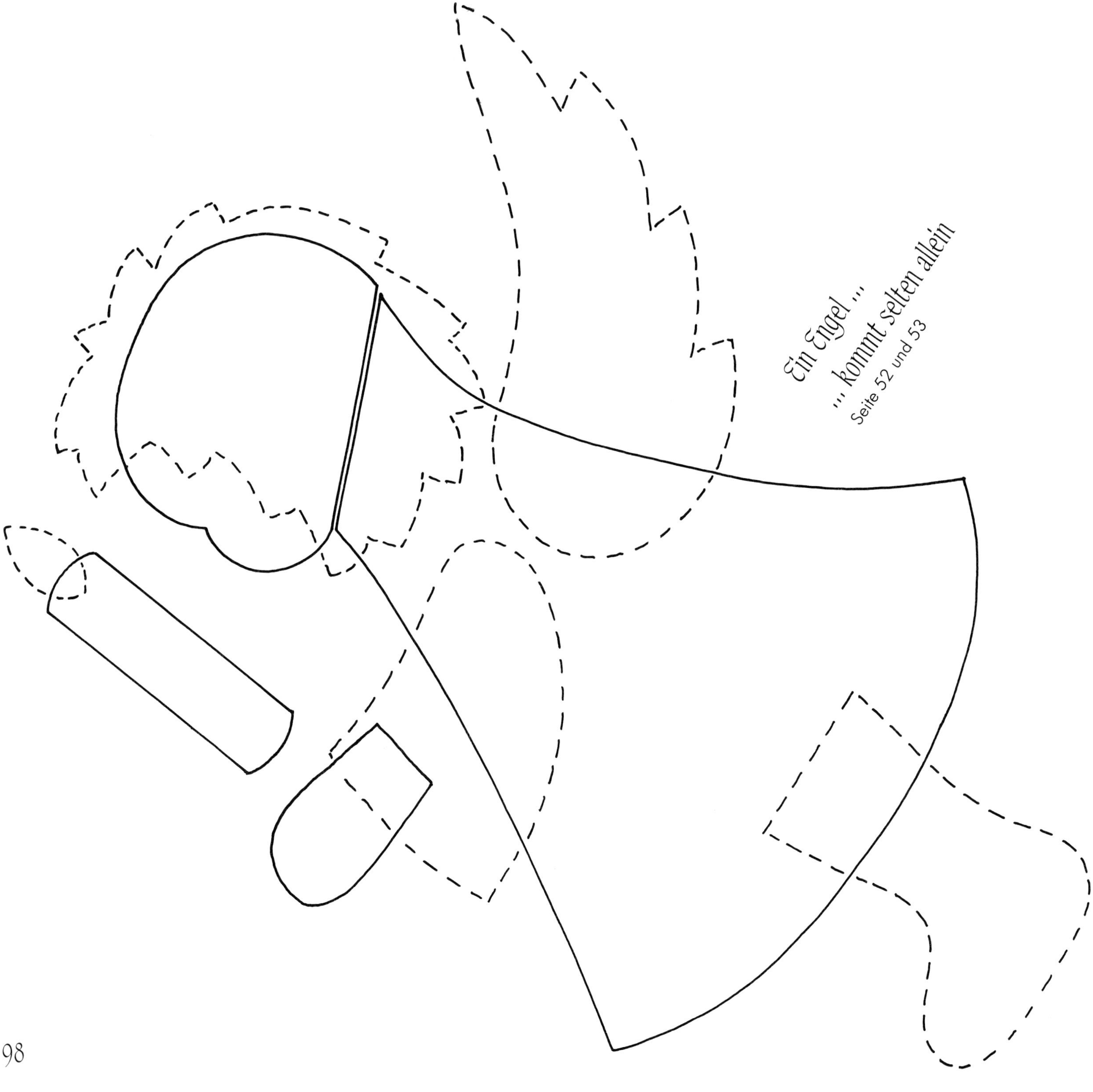

Ein Engel …
… kommt selten allein
Seite 52 und 53

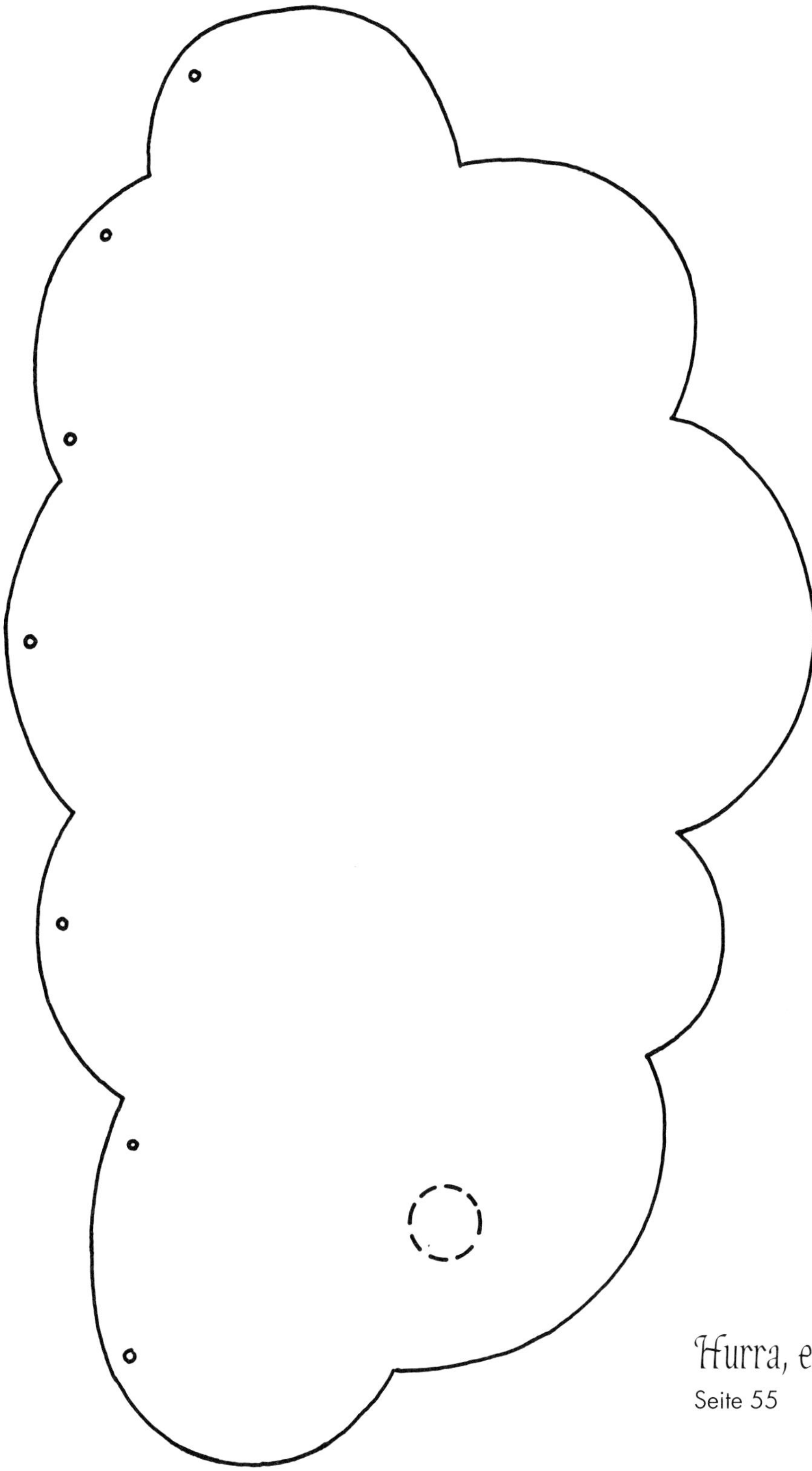

Hurra, es schneit!

Seite 55

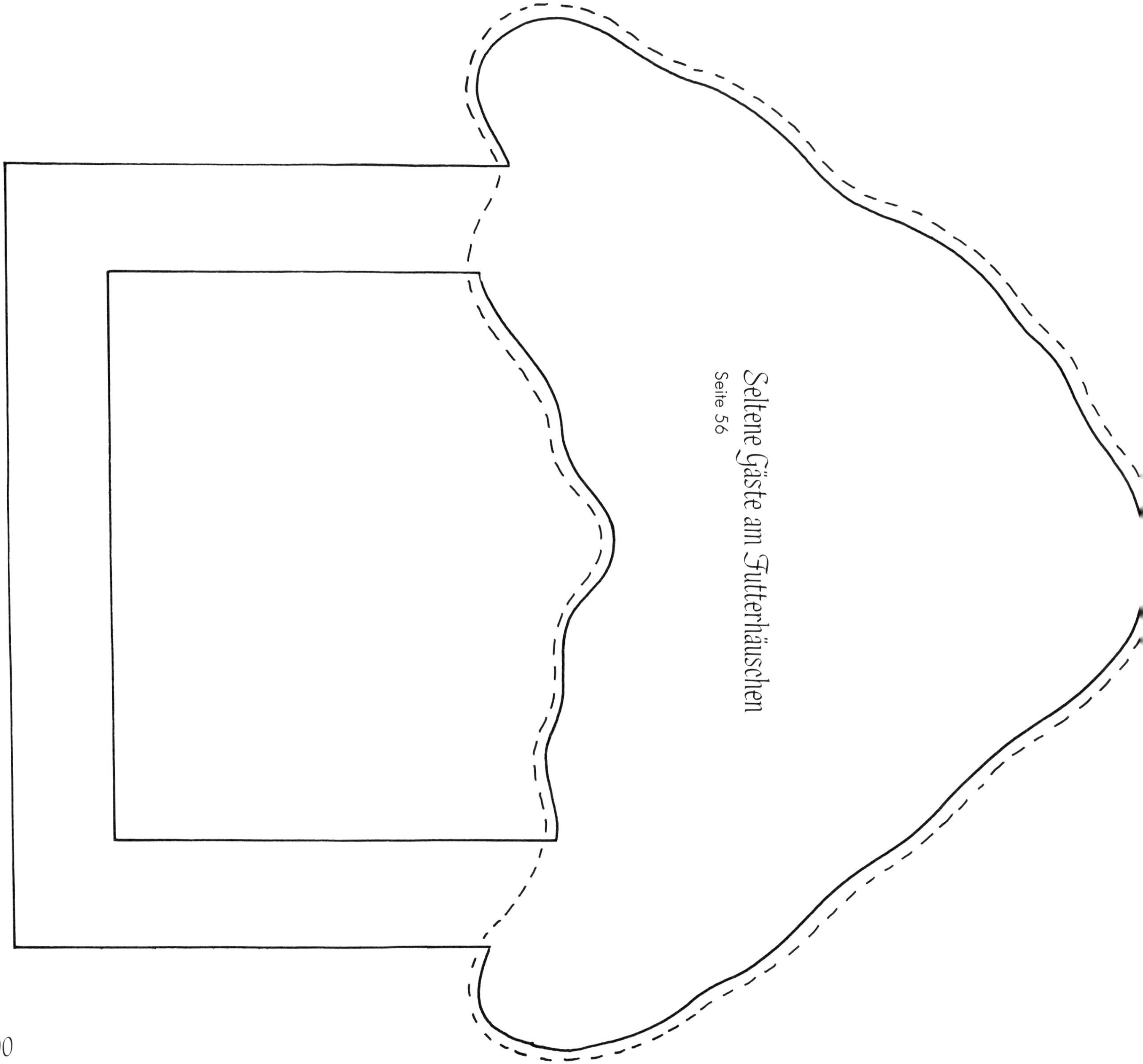
Seltene Gäste am Futterhäuschen
Seite 56

Seltene Gäste am Futterhäuschen

Seite 56

Kätzchen geht spazieren
Seite 57

Bunter Blätterreigen

Seite 40

Der Weihnachtsmann beim Packen

Seite 47

Bunter Blätterreigen

Seite 40

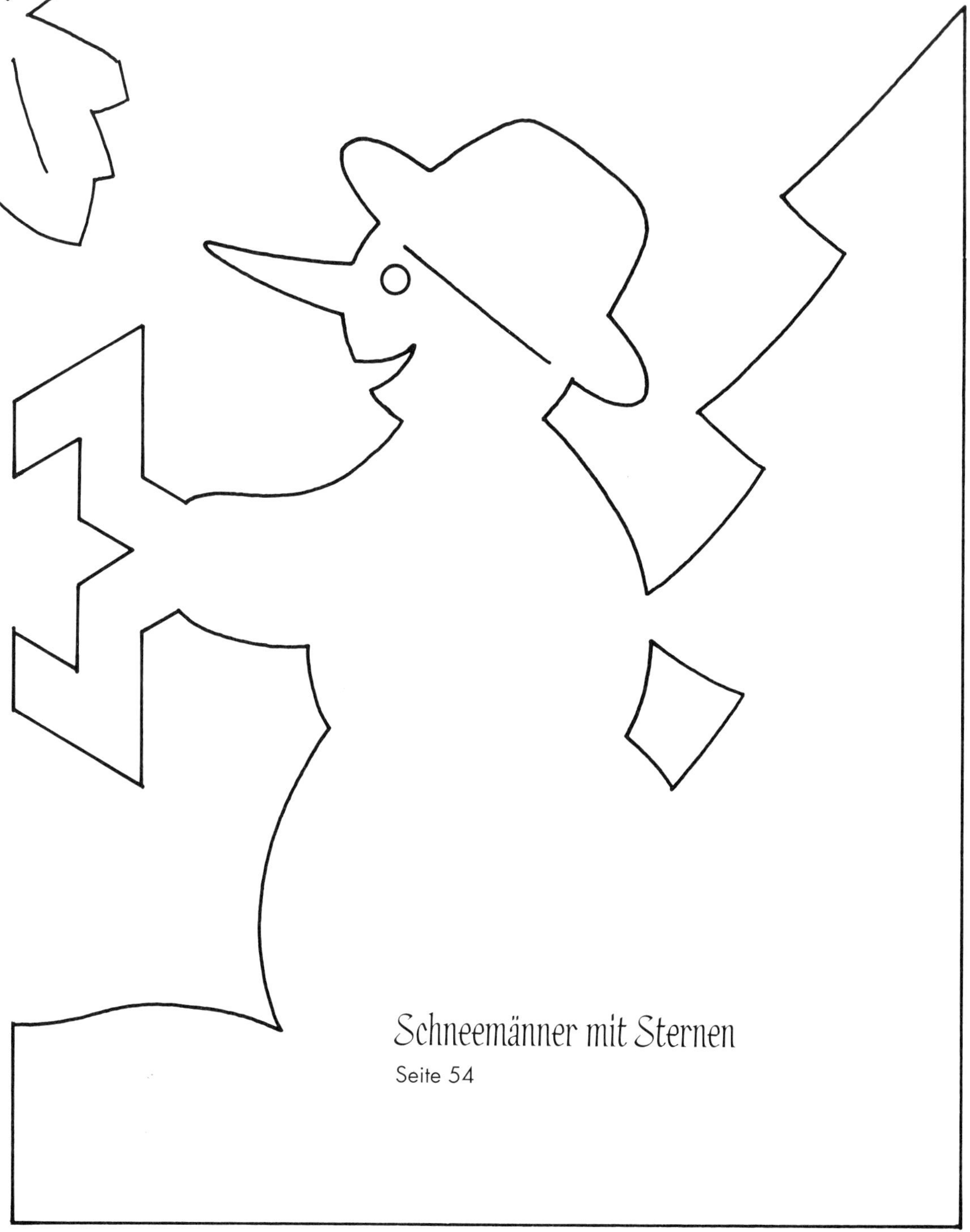

Schneemänner mit Sternen

Seite 54

Schneemänner mit Sternen
Seite 54

Viel Glück ...
Seite 59

Darf ich dich streicheln?

Seite 8 (Titel)

Futterhäuschen im Winter

Seite 58

... und recht viel Schwein!

Seite 60